Benedikt Sommerhoff

W0057509

EFQM zur Organisationsentwicklung

HANSER

Bibliografische Information der Deutschen Nationalbibliothek
Die Deutsche Nationalbibliothek verzeichnet diese Publikation in der Deutschen Nationalbibliografie; detaillierte bibliografische Daten sind im Internet über http://dnb.d-nb.de abrufbar.

© 2013 Carl Hanser Verlag München
http://www.hanser.de

Lektorat: Lisa Hoffmann-Bäuml
Herstellung: Andrea Stolz
Umschlaggestaltung: Parzhuber & Partner GmbH, München
Umschlagrealisation: Stephan Rönigk
Druck und Bindung: Kösel, Krugzell
Printed in Germany

ISBN 978-3-446-43462-2
E-Book ISBN 978-3-446-43794-4

Inhalt

1   Einleitung

„Organisation ist ein Mittel, die Kräfte des Einzelnen
zu vervielfältigen."
Peter F. Drucker

Organisationen stehen heute einer zunehmenden Intensität und Frequenz von Veränderungen gegenüber. Bewältigen lassen sich die damit verbundenen Herausforderungen durch einen systematischen, kontinuierlichen Organisationsentwicklungsprozess.

Mithilfe von ganzheitlichem Qualitätsmanagement kann eine Organisation nicht nur ihre Prozesse und die Qualität ihrer Produkte und Dienstleistungen, sondern ihren organisatorischen Reifegrad insgesamt kontinuierlich verbessern. So rücken Qualitätsmanagement (QM) und Organisationsentwicklung (QE) näher zusammen. Der EFQM-Excellence-Ansatz stellt die am weitesten verbreitete moderne Operationalisierung von ganzheitlichem Qualitätsmanagement in Europa dar und bietet einen Rahmen für die Verbindung von Qualitätsmanagement und Organisationsentwicklung.

Bei dem EFQM-Excellence-Ansatz handelt es sich um einen ganzheitlichen Qualitätsmanagementansatz. Er fördert einen Zyklus aus Selbstbewertungen und resultierenden Projekten zur Organisationsentwicklung.

Das dabei eingesetzte EFQM-Excellence-Modell hat die EFQM (European Foundation for Quality Management), eine europäische Stiftung renommierter Industrieunternehmen, in Zusammenarbeit mit der EU-Kommission entwickelt. Mission der EFQM ist, europäische Organisationen im internationalen Wettbewerb zu stärken.

Dieser Band zeigt, wie ein ganzheitliches Qualitätsmanagement zur Organisationsentwicklung eingesetzt werden kann und wie Qualitätsmanager die Funktion eines Organisationsentwicklers glaubwürdig und wirkungsvoll einnehmen können.

Den Einstieg leistet das Kapitel *Grundlegendes,* indem es die unternehmerischen Herausforderungen der Existenzbegründung und Existenzsicherung als Auslöser für die Weiterentwicklung des ganzheitlichen Qualitätsmanagements zur Organisationsentwicklung benennt. Es zeigt die Verwandtschaft zwischen Qualitätsmanagement und Organisationsentwicklung auf. Das Kapitel beschreibt Organisationsentwicklung praxisnah als Führungsprozess und geht auf die veränderte Rolle der Qualitätsmanager im Rahmen eines QM-Verständnisses als Organisationsentwicklung ein.

Im Kapitel *Der EFQM-Excellence-Ansatz* erfolgt eine Einführung in diesen ganzheitlichen Qualitätsmanagementansatz, dessen Philosophie und Methodik Grundlage für ein Organisationsentwicklungsverständnis und einen -prozess liefern. Die Zusammenstellung der Ideen und Handlungsempfehlungen in diesem Band orientiert sich allerdings weniger an einer bisher als idealtypisch angesehenen formellen Anwendung des EFQM-Ansatzes, sondern vielmehr am Verständnis seiner Prinzipien und der daraus folgenden pragmatischen, unternehmensindividuellen Umsetzung.

Dann beschreibt das Kapitel *Marketing und Kommunikation der Organisationsentwicklung,* wie Qualitätsmanager und Organisationsentwickler Ressourcen und Akzeptanz für Organisationsentwicklung insgesamt und seine jeweils aktuellen Projekte gewinnen und wie die Verstetigung seiner Wirkung auch durch angemessene Kommunikation erfolgt.

Das Kapitel *Organisationsentwicklung in der Praxis* bildet den Kern dieses Bandes und liefert für die drei zentralen Schritte **Analyse, Konzeption** und **Umsetzung** Hinweise und Praxistipps. Sie erlauben die individuelle Ausgestaltung eines auf die eigene Organisation angepassten Organisationsentwicklungsprozesses.

Ambitionierte **Qualitätsmanager** sowie erfahrene **Organisationsentwickler, Berater** und **Führungskräfte** können gleichermaßen von der hier geleisteten Verknüpfung des etablierten Themas Qualitätsmanagement – in seiner ganzheitlichen Ausprägung – mit der Organisationsentwicklung profitieren. Erstere erfahren eine Möglichkeit der Weiterentwicklung ihres Fachgebietes, die zur Verbesserung seiner Bedeutung und Wirkung führt. Alle lernen einen neuen **Organisationsentwicklungsansatz** kennen, der an etablierte Schulen systemischer Organisationsentwicklung anknüpft und durch die Anbindung an das Qualitätsmanagement Verstärkung und Unterstützung erfährt.

2 Grundlegendes

2.1 Existenz begründen und sichern

WORUM GEHT ES?

Die beiden globalen Herausforderungen für jedes Unternehmen, für jede Organisation sind die Begründung der eigenen Existenzberechtigung und die nachhaltige Sicherung dieser Existenz. Eine Existenzberechtigung begründen bedeutet:

▶ einen Bedarf erkennen und daraus einen Auftrag (Mission) ableiten,

▶ den eigenen Auftrag erfüllen und für Art und Grad der Erfüllung Ziele haben (Vision),

▶ diese eigenen Ziele erreichen.

In der Erfüllung ihres Auftrages muss die Organisation zunächst einmal effektiv sein. Mission und Vision, insbesondere das Konzept für die Art der Erfüllung der Mission, die Strategie, bestimmen das Dienstleistungs- oder Produktqualitätsniveau.

WAS BRINGT ES?

Die Existenz nachhaltig sichern bedeutet:

▶ unternehmerische Risiken überstehen,

▶ in einem sich schnell und weitreichend verändernden Umfeld bestehen,

▶ massivem Wettbewerb standhalten und

▶ manchmal einfach Glück haben.

Unter dem externen Druck reicht es nicht, effektiv zu sein, die Organisation muss zudem effizient sein. Plakativ gesagt bedeutet effektiv und effizient sein mit Peter F. Drucker: „das Richtige richtig tun" [Drucker 1967]. Dieses Motto hat auch seit Langem das Qualitätsmanagement für sich adaptiert.

Um effektiv zu sein und Existenz zu sichern, muss das Unternehmen

▸ Entwicklungen und Entwicklungsrichtungen verstehen, d.h.
  – heutige Bedürfnisse und Erwartungen aller Interessengruppen kennen und zukünftige antizipieren,
  – heutige externe und interne Entwicklungen verstehen und zukünftige antizipieren,
▸ sein eigenes Potenzial genau kennen, d.h.
  – Stärken, Schwächen, Verbesserungs- und Entwicklungspotenziale verstehen,
  – seinen Reifegrad im Vergleich zu anderen und seine Alleinstellung richtig einschätzen.

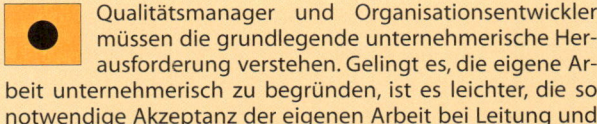

Qualitätsmanager und Organisationsentwickler müssen die grundlegende unternehmerische Herausforderung verstehen. Gelingt es, die eigene Arbeit unternehmerisch zu begründen, ist es leichter, die so notwendige Akzeptanz der eigenen Arbeit bei Leitung und Gesellschaftern zu finden.

Das Qualitätsmanagement leistet folgende Beiträge zur Existenzbegründung und Existenzsicherung eines Unternehmens:

▸ die Erwartungen und Bedürfnisse aller Interessengruppen verstehen und in Qualitätsmerkmale übersetzen,
▸ die Erreichung des Qualitätsniveaus von Produkt oder Dienstleistung, das dem Marktbedarf und der darauf abgestimmten Strategie entspricht, gewährleisten,

▶ die Effektivität des Unternehmens in der Erfüllung des Auftrags und in der Erreichung der eigenen Ziele durch das Design von Prozessen und die Gestaltung eines Regelwerkes sicherstellen,

▶ Verschwendung und Fehler reduzieren helfen, um die Effizienz des Ressourceneinsatzes zu verbessern,

▶ die kontinuierliche Verbesserung stimulieren und managen, um Effizienz zu steigern und ein temporäres Monopol zu erreichen und zu verteidigen.

Tabelle 1 zeigt grundlegende Forderungen der wichtigsten Interessengruppen an das QM-System.

	Extern		Intern	
	Kunde	Gesellschaft	Mitarbeiter	Gesellschafter/ Führungskräfte
Negativ	Keine schädlichen Effekte durch Produkt/ Dienstleistung		Keine Behinderung	
Positiv	Erfüllung des Leistungs-/ Werteversprechens	Einhaltung von Gesetzen, Regeln; Ressourceneffizienz	Unterstützung bei der Aufgabenerfüllung	Unterstützung bei der Zielerreichung
Fazit	Produktqualität Dienstleistungsqualität		Prozessqualität	

Tabelle 1: *Grundlegende Anforderungen der wichtigsten Interessengruppen an das Qualitätsmanagement*

WIE GEHE ICH VOR?

In Reaktion auf Entwicklungen und Potenziale muss eine Leitung ihre Organisation zielgerichtet entwickeln. Viele der resultierenden Projekte sind Veränderungsprojekte, sodass diese Entwicklungsarbeit Veränderungsmanagement (Change Management) erfordert.

 Die Einbindung aller Veränderungsprojekte in ein ganzheitliches, langfristiges Gesamtkonzept bedeutet Organisationsentwicklung.

2.2 Hauptsätze des Qualitätsmanagements

WORUM GEHT ES?

Es gibt eine im Qualitätsmanagement verbreitete Betrachtungsweise, dass in der frühen Entwicklung des Fachgebiets die Produktqualität, später die Prozessqualität und heute die Unternehmensqualität im Fokus stehen. Und ganzheitliches Qualitätsmanagement äußere sich als Management der Unternehmensqualität. Das mag nicht falsch sein, ist aber potenziell irreführend. Hier soll stattdessen die Produktqualität (damit ist auch Dienstleistungsqualität gemeint) wieder mehr im Fokus stehen und gezeigt werden, dass diese um ihrer selbst willen bereits eines ganzheitlichen Qualitätsmanagements bedarf. Dazu dienen die nun vorgestellten Hauptsätze des Qualitätsmanagements. Das Kapitel führt zudem das EFQM-Modell als Konkretisierung von ganzheitlichem Qualitätsmanagement ein.

WAS BRINGT ES?

In Organisationen herrscht bei unterschiedlichen Interessengruppen, Mitgliedern der Leitung sowie weiteren Führungskräften, QM-Mitarbeitern und Mitarbeitern anderer Bereiche häufig ein unterschiedliches Verständnis rund um Qualitätsbegriffe und -themen.

Die hier formulierten Hauptsätze des Qualitätsmanagements geben Orientierung und sollen Qualitätsmanagern und Organisationsentwicklern helfen, eine eigene klare Position zu entwickeln. Entlang der Hauptsätze des Qualitätsmanagements lässt sich der eigene Qualitätsmanagementansatz hinterfragen und bei Bedarf neu positionieren.

WIE GEHE ICH VOR?

2.2.1 Produkt- und Dienstleistungsqualität fokussieren

Erster Hauptsatz des Qualitätsmanagements

Qualitätsmanagementhandeln hat als oberstes Ziel das Erreichen oder das Erhalten eines angestrebten Niveaus der Produktqualität unter Berücksichtigung der nachhaltigen existenziellen Organisationsziele.

Qualität steht hier im Kontext der Organisationsziele, also auch der Strategie und des Geschäftsmodells. Es geht explizit nicht um eine Maximierung der Produkt- oder Dienstleistungsqualität. Das könnte sogar je nach Geschäftsmodell unternehmensschädigend sein. Stattdessen kommt es auf das Einpegeln auf das angestrebte Qualitätsniveau an, also auf die richtige Dosierung von Qualität, welche ja auch immer eine Dosierung von Ressourcen bedeutet.

Die Zusatzinvestition in den Grad an Qualität, der das im Rahmen einer Strategie und eines Geschäftsmodells definierte Niveau übersteigt, kann für das Unternehmen eine existenzielle Bedrohung darstellen. Für Qualitätsmanager ist die Erkenntnis, dass dann vor dem „gut" das „gut genug" kommt, oft irritierend.

2.2.2 Ganzheitliches Qualitätsmanagement umsetzen

Zweiter Hauptsatz des Qualitätsmanagements

Produktqualität wird unmittelbar und mittelbar durch miteinander verwobene Ursachen und Wirkungen beeinflusst; sie kann nur in Kenntnis und unter Berücksichtigung systemischer Zusammenhänge zielgerichtet gelenkt werden.

Bild 1 illustriert den zweiten Hauptsatz und zeigt die zwei Ebenen der zu Dienstleistungs- bzw. Produktqualität führenden Ursache-Wirkungs-Mechanismen auf. Unmittelbar wirkt die Qualität der Leistungsprozesse und des Designs auf die Produkt- und Dienstleistungsqualität. Auf Letztere wirkt sich maßgeblich auch das Mitarbeiterverhalten aus.

Ein Konglomerat miteinander verwobener Einflussfaktoren wiederum beeinflusst die Qualität der Leistungsprozesse und des Designs sowie das Mitarbeiterverhalten. Wesentliche Stellhebel am Beginn der Ursache-Wirkungs-Kette sind dabei letztlich Führungskompetenz und Führungshaltung. Je kompetenter die Führung, desto besser ist z. B. die Strategie, je konsequenter die Führungshaltung, desto leichter kann sich Mitarbeiterengagement entfalten.

Das klassische Qualitätsmanagement richtet seinen Fokus eher auf die Qualität der Leistungsprozesse und des Designs

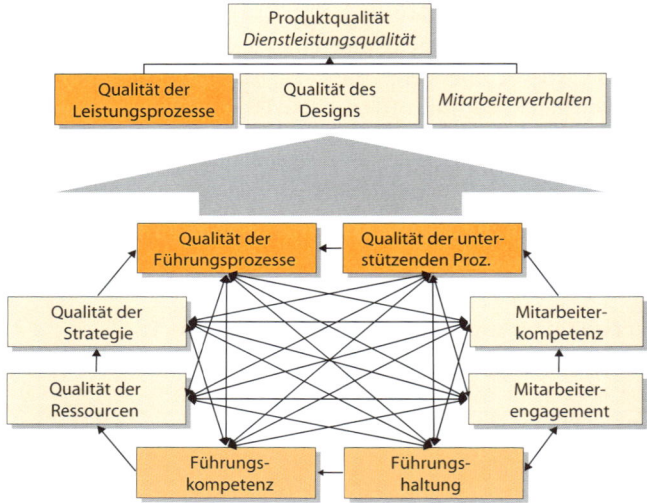

Bild 1: *Treiber von Produktqualität*

und lässt damit wesentliche Einflussfaktoren auf die Produkt- und Dienstleistungsqualität außer Acht.

Die gleichen Treiber, die auf die Qualität wirken, wirken zusätzlich auf folgende Ergebnisse:

- ▶ die Erreichung der Unternehmensziele,
- ▶ die Attraktivität als Partner,
- ▶ die Attraktivität als Arbeitgeber sowie
- ▶ die Wirkung in der Gesellschaft.

Qualität selbst verstärkt den Effekt der Treiber auf diese Ergebnisse (s. Bild 2). Die EFQM hat ähnliche Überlegungen zu den Treibern von Unternehmenserfolg angestellt und sie in fünf Kriterien gefasst, die sie Befähiger nennt. Zusammen

Bild 2: *Ergebnisdimensionen von ganzheitlichem Qualitätsmanagement*

mit vier Ergebniskriterien bilden sie das EFQM-Excellence-Modell (s. Bild 10).

Der zweite Hauptsatz begründet, warum sich Qualitätsmanager mit allen Aspekten der Organisation auseinandersetzen müssen und weshalb es folgerichtig ganzheitliche Qualitätsmanagementansätze wie den EFQM-Excellence-Ansatz gibt.

2.2.3 QM-System als Leitsystem implementieren

Dritter Hauptsatz des Qualitätsmanagements

Das Qualitätsmanagementsystem ist Leitsystem für die weiteren Teilsysteme der Organisation. Die Zuständigkeit der Qualitätsmanager erstreckt sich auf alle unmittelbar und mittelbar die Produktqualität beeinflussenden Themen. Wo sich diese mit anderen Zuständigkeiten überschneiden, verantworteten Qualitätsmanager die angemessene systemische Vernetzung der Themen und die Kompatibilität der Themenbearbeitung durch andere Verantwortliche im Rahmen eines ganzheitlichen Qualitätsmanagementsystems.

Der dritte Hauptsatz spricht zwei Aspekte an, die Eignung des QM-Systems als Leitsystem und die Ambition der Qualitätsmanager, es als solches zu positionieren. Im beschriebenen ganzheitlichen Qualitätsverständnis bedeutet das auch das selbstbewusste und notwendigerweise kompetente Mitwirken an nahezu allen Themen und in allen Bereichen des Unternehmens.

2.3 Organisationsentwicklung und QM/EFQM

WORUM GEHT ES?

Qualitätsmanagement und Organisationsentwicklung sind verwandt und ergänzen einander. Es gibt einerseits Ausprägungen von Qualitätsmanagement, die weit weg von Organisationsentwicklung sind, und andererseits Ausprägungen, in denen Qualitätsmanagement und Organisationsentwicklung deckungsgleich sind. Bild 3 zeigt diese Ausprägungen als unterschiedliche Rollenkonzepte von Qualitätsmanagement in einem Szenariokreuz, das durch die Variablen Rang und Orientierung des Qualitätsmanagements aufgespannt wird.

Die vier Rollenkonzepte sind in Deutschland etwa gleich stark vertreten (Sommerhoff 2012).

Bild 3: *Unterschiedliche Rollenkonzepte des Qualitätsmanagements*

> Eine für das Qualitätsmanagement formulierte *Definition von Organisationsentwicklung* lautet:
> Eine Organisation ganzheitlich in ihrer Struktur und Kultur zielgerichtet gestalten, um ihren Reifegrad nachhaltig zu steigern bzw. auf einem guten Niveau zu erhalten oder um erforderlichen Wandel zu meistern.

WAS BRINGT ES?

Ein Qualitätsmanagement, das sich selbst als Ordnungsdienst positioniert, läuft Gefahr, hinsichtlich der Sicherstellung der Qualität von Produkt und Dienstleistung nur eine sehr begrenzte Wirksamkeit zu entfalten. Die beste Wirkung erzielt ein ganzheitlicher Qualitätsmanagementansatz. Dieser kommt aber häufig an den Punkt, dass Veränderungen der Struktur oder der Kultur erforderlich sind, um Qualität oder die Qualitätsfähigkeit zu sichern oder zu verbessern. Die dazu anzugehenden Veränderungsprojekte bedeuten de facto allerdings, Organisationsentwicklung zu betreiben. Die Unternehmen haben einen Bedarf an Organisationsentwicklung. Die Qualitätsmanager haben eine Chance, ihre Funktion aufzuwerten. Und ganzheitliches Qualitätsmanagement und Organisationsentwicklung haben einen hohen Verwandtschaftsgrad, sodass sich zwei für das Unternehmen relevante Themen sinnvoll miteinander verknüpfen lassen.

WIE GEHE ICH VOR?

2.3.1 Die Rolle des Qualitätsmanagers als Organisationsentwickler

Bild 4 zeigt die unterschiedlichen Rollen, die ein Qualitätsmanager einnehmen kann.

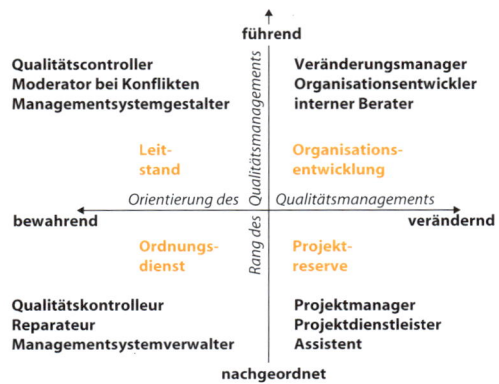

Bild 4: *Unterschiedliche Rollen des Qualitätsmanagers*

Ganzheitliches Qualitätsmanagement ist auf einen hohen Rang in der Organisation und eine verändernde Orientierung angewiesen. Einzelne Qualitätsmanager können nicht Rollen im Ordnungsdienst und in der Organisationsentwicklung zugleich einnehmen. Dieser Spagat zerreißt.

Eine moderne Rolle im oberen rechten Quadranten als Veränderungsmanager, Organisationsentwickler oder interner Berater erfordert ein dementsprechendes Auftreten und Agieren. Die folgenden 14 Regeln für eine erfolgreiche QM-Arbeit stellen mögliche Leitsätze für die Praxis dar.

---

14 Regeln für eine erfolgreiche QM-Arbeit

Regel Nr. 1: Die Ziele meiner Organisation sind für meine QM-Arbeit handlungsleitend, nicht „das Qualitätsmanagement".

Regel Nr. 2: Ich versuche, Ziele und Motive der Führungskräfte zu verstehen und sie bei der Zielerreichung zu unterstützen.

Regel Nr. 3: Nicht maximal mögliche Produktqualität, sondern ein angestrebtes Niveau unter Berücksichtigung der nachhaltigen existenziellen Organisationsziele ist Ziel meines Handelns.

Regel Nr. 4: Ich arbeite nicht einseitig an den Strukturen des Unternehmens, ich befasse mich angemessen mit der Unternehmenskultur.

Regel Nr. 5: Ich setze mein Können und meinen Status dafür ein, dass das Qualitätsmanagementsystem das Leitsystem unter allen anderen Teilsystemen in der Organisation ist.

Regel Nr. 6: Ich unterstütze durch geeignete Systematiken die Mitarbeiterinnen und Mitarbeiter darin, Qualität entwickeln und produzieren zu können. Ich nehme ihnen diese operative Aufgabe nicht ab.

Regel Nr. 7: Ich trage bei zu Transparenz und Messbarkeit. Das gilt besonders für meine eigenen Projekte und Aktivitäten.

Regel Nr. 8: Ich lasse es zu, dass andere aus ihren Fehlern lernen können.

Regel Nr. 9: Ich positioniere mich als interner Berater der Leitung, auch wenn das mehr Distanz zu bisherigen Kollegen bedeuten kann.

Regel Nr. 10: Ich starte neue Projekte erst, wenn durch den Auftraggeber das Ziel und die Ressourcen klar benannt werden.

Regel Nr. 11: Wenn die Mitarbeiter permanent gegen QM-Regeln verstoßen, prüfe ich zunächst, ob die Regeln noch taugen.

Regel Nr. 12: Ich hänge nicht für alle Zeiten an einmal geschaffenen Systemen und Lösungen. Ich kann meine eigene Arbeit infrage stellen und neue Wege gehen.

Regel Nr. 13: Ich erschließe für meine Organisation Zukunftsthemen und Lösungsansätze für zukünftige Herausforderungen.

Regel Nr. 14: Ich lasse meine Ansprüche an gute QM-Arbeit nicht verbiegen. Es gibt genug Organisationen, die meine Kompetenzen brauchen und QM und meine Arbeit wertschätzen.

2.3.2 Organisationsentwicklungsziel Reifegradentwicklung

Der EFQM-Excellence-Ansatz liefert – ohne den Begriff zu verwenden – mit dem EFQM-Excellence-Modell und der RADAR-Bewertungsmethodik eine in der Praxis vieltausendfach eingesetzte und bewährte Vorgehensweise zur Reifegradbewertung.

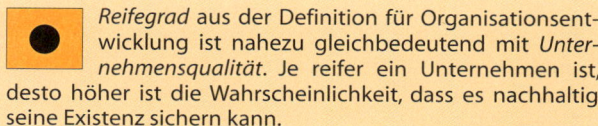

Reifegrad aus der Definition für Organisationsentwicklung ist nahezu gleichbedeutend mit *Unternehmensqualität*. Je reifer ein Unternehmen ist, desto höher ist die Wahrscheinlichkeit, dass es nachhaltig seine Existenz sichern kann.

Reifegradsteigerung ist somit ein zentrales Ziel von Organisationsentwicklung. Der Unternehmensreifegrad setzt sich aus mindestens zwei Dimensionen zusammen: der Reife der Struktur und der Reife der Kultur (s. Bild 5).

Struktur umfasst z. B. Aufbau- und Ablauforganisation (Prozessinfrastruktur), Methodenportfolio, Hard- und Softwareinfrastruktur, Mitarbeiterkompetenz und -ressource. Kultur umfasst die handlungsleitenden Werte der Organisa-

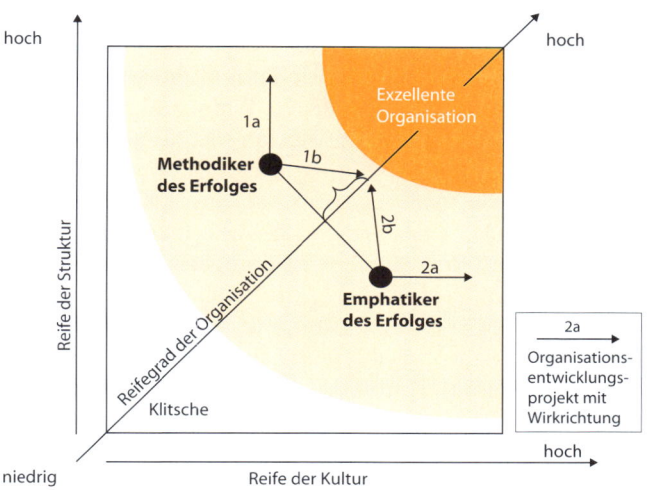

Bild 5: *Reifegrad als Resultat reifer Struktur und reifer Kultur*

tion, das Verhalten der Führungskräfte und Mitarbeiter miteinander, gegenüber Kunden und Partnern sowie die Ausgestaltung der Beziehung zwischen den Menschen innerhalb und mit denen außerhalb der Organisation.

Die EFQM hat für herausragende Reifegrade den Begriff Excellence eingeführt. Exzellente Organisationen sind die ca. 5 bis 10 % Organisationen einer Branche oder eines Wirtschaftsraumes mit dem höchsten Reifegrad. Am unteren Ende der Skala befinden sich die sogenannten „Klitschen" – ca. 5 bis 10 % der unreifsten Organisationen. Auf dem Weg hin zur Excellence können Organisationen ihre Reife aus ganz unterschiedlichen Positionierungen beziehen. Die einen haben ihren Reifegrad auf eine besonders ausgeprägte Reife der Struktur gestützt. Dies sind die Methodiker des Erfolges. Sie versuchen, durch weitere strukturelle Verbesserungen den Gesamtreifegrad zu steigern. Dabei erreichen sie oft das Gegenteil, die Reife der Struktur sinkt, weil sie die Organisation mit immer mehr Methoden belegen und Prozesse über ein gesundes Maß hinaus feinziselieren. Widmen sie sich an diesem Punkt nicht der Weiterentwicklung der Kultur, stoßen sie in der Organisationsentwicklung an eine gläserne Decke. Das klassische Qualitätsmanagement hat einseitig an der Entwicklung der Reife der Struktur gewirkt, Qualitätsmanager hatten dort auch ihre Stärken und Kompetenzen.

Eine ganz andere DNA haben die Emphatiker des Erfolges. Sie folgen ihren Stärken, die Kultur der Organisation auf ein hohes Niveau zu bringen, haben aber Defizite im Aufbau einer reifen Struktur. In dieser Situation führen Organisationsentwicklungsprojekte in Richtung Reifegradsteigerung der Struktur besser in Richtung exzellenter Organisation als ein weiteres Ausfeilen der Kultur.

2.3.3 Prozesslandschaft

Viele Organisationen nutzen eine einfache dreigliedrige Kategorisierung ihrer Prozesse und visualisieren diese als Prozesslandschaft. Bild 6 zeigt eine verallgemeinernde, generische und somit fast allgemeingültige Prozesslandschaft.

Unternehmen und Organisationen unterscheiden sich weitestgehend in ihren Leistungsprozessen, denn diese sind in Abhängigkeit von Mission, Strategie und Ressourcen sehr spezifisch. Anzahl und Art der unterstützenden Prozesse können sich ebenfalls deutlich unterscheiden, wobei es auch hier generische Prozesse gibt, wie Personaladministration, IT-Management, Beschaffung oder Logistik.

Am stärksten ähneln sich alle Organisationen hinsichtlich ihrer Führungsprozesse – nicht in deren Ausprägung und

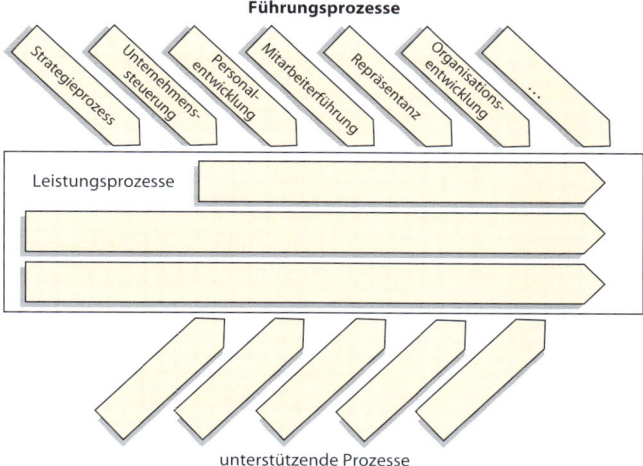

Bild 6: *Organisationsentwicklung in der Prozesslandschaft*

Reife, vielmehr hinsichtlich ihres Vorhandenseins. So hat jede Organisation einen Prozess, in dem Ausrichtung, Ziele und grundsätzliche, konstitutionelle Fragen geklärt werden. Dies ist der *Strategieprozess*. Im Strategieprozess erfolgen die Reflexion der Bedürfnisse und Erwartungen der Interessengruppen, der externen und internen Entwicklung, der Stärken und Schwächen und der daraus resultierenden Potenziale und der Reifegradvergleich mit anderen. Daraufhin liefert der Strategieprozess Ziele und Zielerreichungspfade. Ein *Unternehmenssteuerungsprozess* dient zur Operationalisierung der Strategie und leistet das Leiten und Lenken (Management) des Unternehmens. Die *Personalentwicklung* ist eine weitere, prozesshaft anzulegende Führungsaufgabe, im Unterschied zum unterstützenden Prozess Personaladministration. Die *Mitarbeiterführung* selbst ist ein weiterer Führungsprozess und sehr eng mit Unternehmenssteuerung und Personalentwicklung verzahnt. Ein Prozess *Repräsentanz* organisiert, wie Führungskräfte die Organisation gegenüber den Interessengruppen vertreten und positionieren. Ein weiterer, zentraler Führungsprozess ist mehr oder weniger explizit in jeder Organisation vorhanden, die *Organisationsentwicklung*.

Je nach individueller Ausgestaltung der Prozesslandschaft sind diese Prozesse anders benannt oder anders abgegrenzt und auch um weitere organisationsspezifische Führungsprozesse ergänzt.

Einige Organisationen sehen einen *Qualitätsmanagementprozess* als einen ihrer Führungsprozesse. Qualitätsmanagement ist definiert als *„aufeinander abgestimmte Tätigkeiten zum Leiten und Lenken einer Organisation bezüglich Qualität"* (DIN EN ISO 9000:2005, Abs. 3.2.8). So verstanden sind viele prozesshafte Aktivitäten des Qualitätsmanagements eher

Teilprozesse des Unternehmenssteuerungsprozesses. Leichter grenzt sich der Kontinuierliche Verbesserungsprozess als eigener Führungsprozess ab. Er kann aber ebenfalls als Teil des Unternehmenssteuerungsprozesses angesehen werden.

2.3.4 Drei Schritte des Organisationsentwicklungsprozesses

Die maßgeblichen Schritte des Organisationsentwicklungsprozesses bestehen aus

▶ *Analyse*,
▶ *Konzeption* und
▶ *Umsetzung*.

Die grundlegende Dreiteilung ergänzen Schritte zur

▶ *Vermarktung* mit den Teilschritten
   – *Potenzial vermarkten* und
   – *Konzept vermarkten*

und ein den gesamten Organisationsentwicklungsprozess begleitender Schritt der

▶ *Kommunikation*.

Bild 7 zeigt die Organisationsentwicklung als Gesamtprozess. Neben den drei Schritten bzw. Kernprozessen der Organisationsentwicklung gibt es drei unterstützende Prozesse, zwei Vermarktungsprozesse und einen den gesamten OE-Prozess begleitenden Kommunikationsprozess.

Der OE-Prozess kann und muss – bei komplexen Themen der Organisationsentwicklung – mehrere Rückkopplungen enthalten. Da ist eine große Iteration (a), d. h., zunächst erfolgen die Schritte Analyse, Konzeption und Umsetzung, dann

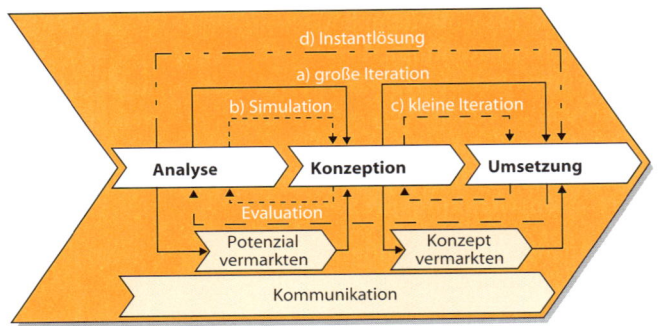

Bild 7: *Organisationsentwicklung als Prozess*

erfolgt eine Evaluation, also eine erneute Analyse, die die Richtigkeit der ursprünglichen Hypothesen und die Wirksamkeit der Lösung hinterfragt. Falls nötig, passt die Organisation das Konzept nach begonnener Umsetzung an und verändert die Umsetzung entsprechend.

Ein Wechselspiel von Analyse und Konzeption, weitergehender Analyse und verfeinerter Konzeption, ohne dass es bereits zu einer Umsetzung kommt, bedeutet letztlich Simulation (b).

Die kleine Iteration (c) bedeutet in der Phase der Umsetzung, immer wieder und ohne ausgeprägte Analysephase die Konzeption anhand der bei der Umsetzung festgestellten Erkenntnisse über unerwartete Reaktionen, Effekte und Wechselwirkungen anzupassen. Diese Iteration ist von erfolgsentscheidender Bedeutung, sie heilt Irrtümer, mildert allergische Reaktionen der Betroffenen, verstärkt gewünschte und reduziert unerwünschte Effekte; sie setzt uns in die Lage, die enorme Komplexität der Organisationsentwicklung mit den vielfach vernetzten Themen und trotz umfangreicher Analyse nicht vorhergesehenen Effekten überhaupt zu beherrschen.

Nicht selten wird der wichtige Schritt der Konzeption ausgelassen, weil fertige Konzepte („Instantlösungen") zur Umsetzung bereitliegen. Das kann zielführend sein, birgt aber die große Gefahr, dass kein wirkungsvolles oder kein akzeptiertes, weil explizit für die jetzt akute Situation gemeinsam erarbeitetes Konzept zur Umsetzung kommt. Der Volksmund kennt dafür den Spruch „Für einen Hammer ist jedes Problem ein Nagel", d. h., die Analyse wird für das Werkzeug passend gemacht, das zum Einsatz kommen soll.

Ein Qualitätsmanagement, das sich als Organisationsentwicklung positioniert und manifestiert, leistet dies am wirkungsvollsten als langfristig angelegter Prozess unter möglichst stabilen Rahmenbedingungen und ohne massiven Druck. Sprunghafte, unter enormem Druck herbeigeführte Veränderungen (Turnaround) stellen Ausnahmesituationen dar (Bild 8).

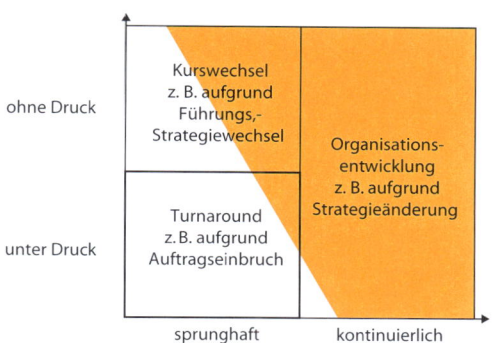

Bild 8: *Ausgangssituationen und Ausprägungen von Veränderungsprojekten*

2.3.5 Der Organisationsentwicklungsraum

Es ist hilfreich, Organisationsentwicklung nicht nur nach den Teilprozessen, sondern zusätzlich nach den maßgeblichen Themen und den zentralen Wirkungsfeldern zu strukturieren. Die maßgeblichen Themen benennt das EFQM-Modell mit seinen Kriterien, die zentralen Wirkungsfelder sind Struktur und Kultur der Organisation, weil sich Reife der Organisation aus Reife der Struktur und Reife der Kultur zusammensetzt. Der sich daraus ergebende Organisationsentwicklungsraum (Bild 9) dient der Navigation und erleichtert die strukturierte Beschreibung der Werkzeuge und Methoden der Organisationsentwicklung. Die Struktur bestimmen dabei die drei „Kernprozesse" der Organisationsentwicklung: Analyse, Konzeption, Umsetzung.

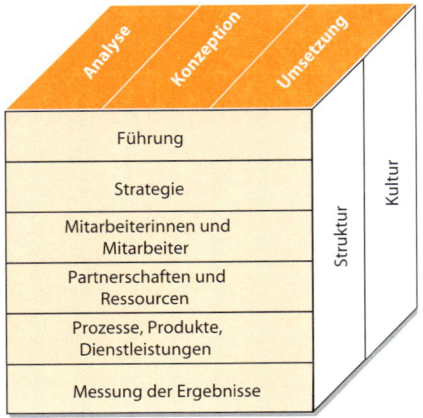

Bild 9: *Der Organisationsentwicklungsraum*

3   Der EFQM-Excellence-Ansatz

WORUM GEHT ES?

Das EFQM-Excellence-Modell kann als Best-Practice-Beispiel für ein ganzheitliches Managementmodell definiert werden. Die Kriterien des EFQM-Modells liefern zudem eine gut geeignete Strukturierung der Organisationsentwicklungsthemen.

Neben dem EFQM-Modell gibt es zwar weitere, überwiegend sehr ähnliche Qualitätsmanagement- und Managementmodelle, aber keines ist so bekannt und verbreitet wie das EFQM-Modell. Es stellt zudem die am besten operationalisierte Konkretisierung des aus den 1980er-Jahren stammenden Total-Quality-Management-Ansatzes dar.

> ● Die DIN EN ISO 9004:2009 („Leiten und Lenken für den nachhaltigen Erfolg einer Organisation – Ein Qualitätsmanagementansatz") hat eine große Ähnlichkeit zum EFQM-Excellence-Ansatz, weil bei ihrer Erstellung EFQM-Ideen eingeflossen sind.

ISO-(9000-)Welt und EFQM-Welt sind somit „Seelenverwandte". Der häufig in Unternehmen betonte „Gegensatz zwischen EFQM und ISO" ist also gar keiner.

Urheberin des EFQM-Excellence-Modells ist die EFQM, die unter dem vollen Namen European Foundation for Quality Management 1988 von 14 europäischen Konzernen als Stiftung gegründet wurde. Sie hatte sich in einer Zeit, als die Globalisierung rasant voranschritt und die ISO-9001-Zertifizierungswelle gerade erst begann, die Mission gegeben, europäische Unternehmen im globalen Wettbewerb zu stärken.

Mit dem Begriff Excellence führte die EFQM einen erweiterten Qualitätsbegriff ein. Excellence bedeutet: herausragende Leistungen, die zu überdurchschnittlichen Ergebnissen führen. Dazu gehört auch ein reproduzierbar hohes Produktqualitätsniveau. Der Begriff Excellence ersetzt den klassischen Begriff Qualität nicht. Er ist sowohl Ausdruck für eine weitreichende Ambition als auch für den Einsatz eines ganzheitlichen Qualitätsmanagementansatzes in der Organisation.

Dieses Kapitel stellt die dem EFQM-Modell zugrunde liegenden Grundkonzepte der Excellence, das EFQM-Modell selbst mit seiner Kriterien- und Teilkriterienstruktur und zuletzt die RADAR-Bewertungsmethodik vor, die auch eine wesentliche Bedeutung für den Schritt Analyse des Organisationsentwicklungsprozesses hat.

> ### EFQM: Leitfaden zur Reifegradbewertung
>
> Auch wenn der EFQM-Excellence-Ansatz den Begriff Reifegrad nicht verwendet, liefert er mit dem EFQM-Excellence-Modell und der RADAR-Bewertungsmethodik eine bewährte Vorgehensweise zur Reifegradbewertung eines Unternehmens.
> Der Reifegrad gibt darüber Auskunft, wie gut oder wie schlecht die Existenz eines Unternehmens gesichert ist.
> Bei der RADAR-Bewertungsmethode handelt es sich um eine Vorgehensweise, die zeigt, wie Stärken und Verbesserungspotenziale ermittelt werden können.

WAS BRINGT ES?

Der EFQM-Ansatz fasst wichtige Aspekte des modernen Führungs-, Qualitätsmanagement- und Organisationsentwicklungswissens prägnant zusammen. Er stellt allen Führungskräften einen modellhaften Ansatz zur Verfügung, die Organisation in ihrer Komplexität ganzheitlich zu verstehen und zu entwickeln. Der EFQM-Ansatz ist ein geradezu prototypischer Qualitätsmanagementansatz.

Das EFQM-Modell bietet zudem:

▶ ein Themenraster (Modell) und eine *Methodik* (RADAR) *zur ganzheitlichen Organisationsanalyse*, um
  – Stärken und Schwächen zu identifizieren,
  – daraus Verbesserungspotenziale abzuleiten und
  – den Reifegrad skaliert zu bewerten und mit anderen zu vergleichen;
▶ ein *Mittel zu Kommunikation im Führungskreis*, es
  – schafft gemeinsames Verständnis darüber, wie wir Führung verstehen wollen, und
  – unterstützt die interne Kommunikation durch die Verwendung einer konsequenten Begrifflichkeit und Sprache;
▶ einen *didaktischen Rahmen für gemeinsames Lernen und Organisationsentwicklung*, es
  – benennt Lern- und Entwicklungsfelder,
  – zeigt ein Zielbild für einen mehrjährigen Prozess organisationalen Lernens und
  – fördert iterative Lern- und Entwicklungsschritte, die ein Wachsen, Reifen und Verändern von Verständnis und Kompetenz ermöglichen.

WIE GEHE ICH VOR?

Um den EFQM-Excellence-Ansatz zu verstehen, empfiehlt es sich, sich zunächst mit den Grundkonzepten der Excellence, dann mit dem Modell selbst und zuletzt mit der RADAR-Bewertungsmethodik zu befassen.

3.1   Die Grundkonzepte der Excellence

Die Grundkonzepte der Excellence bilden den gedanklichen Überbau über das EFQM-Excellence-Modell. Die acht Grundkonzepte gelten seit der Veröffentlichung des Modells im Jahr 1991. Sie sind allerdings bei mehreren Modellrevisionen neu formuliert worden und sind eine – nicht wissenschaftlich, sondern aus der praktischen Erfahrung der Modellentwickler abgeleitete – Auflistung der *Erfolgsfaktoren* von Organisationen.

Die Grundkonzepte der Excellence sind:

▶ dauerhaft herausragende Ergebnisse erzielen,
▶ Nutzen für Kunden schaffen,
▶ mit Vision, Inspiration und Integrität führen,
▶ Veränderungen aktiv managen,
▶ durch Mitarbeiterinnen und Mitarbeiter erfolgreich sein,
▶ Kreativität und Innovation fördern,
▶ die Fähigkeiten der Organisation entwickeln,
▶ nachhaltig die Zukunft gestalten.

 Die acht Grundsätze des Qualitätsmanagements der ISO 9004 sind nahezu deckungsgleich mit den Grundkonzepten der Excellence.
Da jedoch das EFQM-Modell von der EFQM häufiger überarbeitet wird (2003, 2010, 2013) als die zuletzt 2009 aktualisierte ISO 9004, entsprechen die Formulierungen der ISO 9004 eher denen des EFQM-Modells von 2003 als denen der aktuellen Version von 2013.

Das EFQM-Modell geht davon aus, dass alle Themen nicht isoliert, sondern miteinander verknüpft ihre Wirkung entfalten. Viele Leitbilder von Unternehmen benennen eines oder mehrere dieser Themen, wobei die Bedeutung der Themen für eine spezifische Organisation unterschiedlich sein kann.

3.2 Das EFQM-Excellence-Modell

Das EFQM-Excellence-Modell ist wie jedes Modell ein vereinfachendes Abbild eines größeren und komplexeren Gebildes, hier einer Organisation. Dabei bildet das Modell nicht die Aufbauorganisation oder sonstige physische Strukturen ab. Vielmehr stellt es die für jede Organisation relevanten Themen modellhaft und in ihrer grundsätzlichen Vernetzung dar.

Das EFQM-Modell hat zwei Bereiche: *Befähiger* mit fünf Kriterien und *Ergebnisse* mit vier Kriterien (Bild 10).

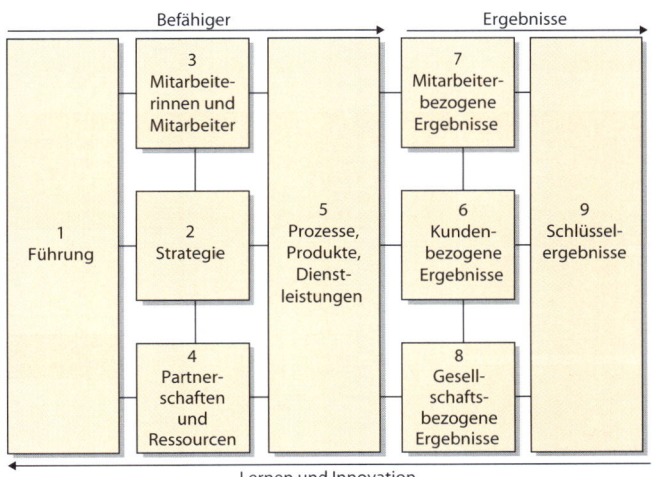

Bild 10: *Das EFQM-Excellence-Modell*

Der Begriff Befähiger ist eine Übersetzung des englischen Begriffs Enabler von *to enable*, befähigen. Die fünf Befähigerkriterien sind in jeweils fünf (Ausnahme Strategie, da sind es vier) Teilkriterien gegliedert, die mit den Buchstaben a bis e benannt werden. Die Teilkriterien sind durch jeweils vier bis sechs Ansatzpunkte näher spezifiziert. Ergebniskriterien sind in jeweils zwei Teilkriterien (a, b) unterteilt; für diese liefert die EFQM jeweils Beispiele (keine Vorgaben!) für Kennzahlen (s. Bild 11).

 Wenn Sie tiefer in die Strukturen des EFQM-Modells einsteigen wollen, dann empfiehlt es sich, auch die Publikation der EFQM: *Das EFQM Excellence Modell* (EFQM 2013) hinzuzuziehen.

Nachfolgende Erläuterung ergänzt und interpretiert die Publikation der EFQM. Die Kriterientitel sind dabei iden-

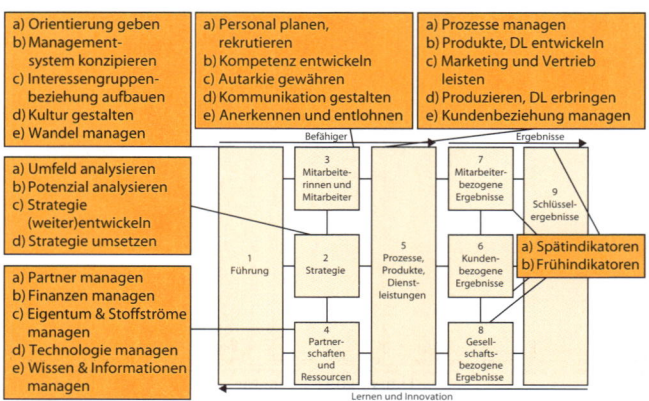

Bild 11: *Das EFQM-Excellence-Modell: Teilkriterienebene*

tisch zur EFQM-Bezeichnung. Die Teilkriterientitel, die die EFQM meist sehr ausführlich formuliert, ersetzen dabei prägnantere Beschreibungen. Der folgende Text erläutert diese kurz.

3.2.1 Die Befähigerkriterien

Führung

Schon die Grundkonzepte der Excellence benennen Führung als einen der acht Erfolgsfaktoren der Organisation. Das Kriterium Führung behandelt in seinen *fünf Teilkriterien* folgende Aspekte von Führung:

▶ der Organisation Orientierung geben in Form von Zielrichtung und konstituierenden Werten,
▶ das Managementsystem der Organisation konzipieren,
▶ selbst einen angemessen dosierten Kontakt zu den wichtigen Interessengruppen aufbauen,
▶ Organisationskultur so gestalten, dass die Leistungsambitionen geklärt und operationalisiert sind und
▶ den Bedarf für Wandel erkennen und den Wandel meistern.

Im Kriterium 1 geht es immer wieder darum, ob und wie Führungskräfte selbst sich prägend in diese Themen und Aktivitäten einbringen, also z.B. nicht, ob die Organisation ein Managementsystem hat und es weiterentwickelt, sondern ob Führungskräfte dies maßgeblich konzipieren und wie ihr Engagement für seine Weiterentwicklung ist, selbst wenn sie viele Detailaspekte an Spezialisten delegieren. Dabei ist zu unterscheiden, wo die Leitung gefordert ist und wie weitere Führungsebenen angemessen eingebunden werden.

In diesem Kriterium ist auch hinterlegt, dass Führungskräfte die Effektivität ihres Führungsverhaltens bewerten und verbessern.

Das fünfte Teilkriterium, das sich mit Wandel befasst, ist für die Organisationsentwicklung von zentraler Bedeutung, da sie diese als zentrale Führungsaufgabe adressiert.

Das Kriterium Führung ist eng verknüpft mit dem Kriterium 3, Mitarbeiterinnen und Mitarbeiter, sowie mit dem Kriterium 7, mitarbeiterbezogene Ergebnisse, das mittels Kennzahlen die Wirkung von Führung misst.

Strategie

Das Kriterium Strategie betrachtet die EFQM prozesshaft, als einfachen, generischen Strategieprozess. Seine vier Teilkriterien behandeln:

▶ die Sammlung strategierelevanter Erkenntnisse über Interessengruppen, Märkte, Technologie und das weitere relevante Umfeld,

▶ die Bewertung der eigenen Leistungsfähigkeit, Kernkompetenzen, Stärken und Schwächen im Vergleich mit anderen und der daraus resultierenden strategischen Potenziale,

▶ die Erarbeitung oder Aktualisierung der Strategie unter Verwertung der gewonnenen Erkenntnisse und

▶ die zielgruppenspezifisch angemessene Kommunikation sowie systematische Umsetzung der Strategie.

Das Kriterium Strategie ist mit allen Kriterien verknüpft. Das Teilkriterium 9 a bildet typischerweise die grundlegenden strategischen Ergebnisse, d. h. den Grad der Erreichung strategischer Ziele ab.

So wie Strategie für die Organisation von erfolgsentscheidender Bedeutung ist, hat Strategie im Modell eine zentrale Position. Alles, was die Organisation in den anderen Kriterien macht, misst das EFQM-Modell an dem Beitrag für die Umsetzung der Strategie und die Erreichung der strategischen Ziele. Deshalb ist jede Operationalisierung eines EFQM-Ansatzes vollständig organisationsindividuell. Das Modell leitet dabei dazu an, unter Verwertung aller relevanten Informationen systematisch eine Strategie zu erzeugen. Es kann aufzeigen, wenn das nicht der Fall ist oder wenn Aktivitäten in der Organisation nicht auf die Strategie einzahlen oder ihr zuwiderlaufen, nicht jedoch, ob eine auf die Zukunft gerichtete Strategie richtig oder falsch ist.

Mitarbeiterinnen und Mitarbeiter

Das EFQM-Modell ist ein menschenorientiertes Managementmodell, was sich nicht nur, aber auch in den Themen des Kriteriums 3 spiegelt. Kriterium 3 bezieht sich unmittelbar auf das Grundkonzept der Excellence „durch Mitarbeiterinnen und Mitarbeiter erfolgreich sein". Seine fünf Teilkriterien behandeln:

- ▶ Aspekte der Personalplanung, Personalstrategie und Politik sowie der Rekrutierung und Karriereentwicklung,
- ▶ Qualifizierung und Kompetenzentwicklung,
- ▶ Mitarbeiterdelegation, sodass Mitarbeiterinnen und Mitarbeiter im Rahmen gesetzter Regeln möglichst autark handeln können,
- ▶ interne Kommunikation, vertikal und horizontal,
- ▶ Kompensation des Mitarbeiterengagements durch Entlohnung, Sozialleistungen sowie Dank, Kritik und Anerkennung.

Kriterium 3 korreliert stark mit Kriterium 1, Führung. Es adressiert zwei der zentralen Erfolgsfaktoren jeder Organisation, Mitarbeiterkompetenz und Mitarbeiterengagement, sowie die Aspekte, die zu hoher Kompetenz und hohem Engagement führen, wie z. B. Qualifizierung, aber auch Ermächtigung zu selbständigem, unternehmerischem Handeln sowie Anerkennung. Ergebnisse mitarbeiterbezogener Prozesse und Maßnahmen sind in Kriterium 7 (mitarbeiterbezogene Ergebnisse) abgebildet.

Partnerschaften und Ressourcen

Das Kriterium 4 bündelt mehrere Ressourcenthemen:

▶ Partner- und Lieferantenmanagement,
▶ Finanzmanagement,
▶ das Management von Gebäuden, Anlagen, Material und der natürlichen Ressourcen,
▶ Technologiemanagement und
▶ Informations- und Wissensmanagement.

Für alle Teilkriterien hinterfragt das Modell zunächst den Bezug zur Strategie. Der Begriff Technologie in diesem Kontext ist häufig für Dienstleister irritierend. Für einen Gesundheitsdienstleister sind damit z. B. neue therapeutische Ansätze oder für einen Weiterbildungsdienstleister moderne Konzepte der Erwachsenenbildung gemeint, wo beim produzierenden Unternehmen der Wechsel von Schutzgasschweißen auf Laserstrahlschweißen einen Aspekt von Technologiemanagement darstellt.

Prozesse, Produkte, Dienstleistungen

Kriterium 5 bildet nach einem Grundsatzkapitel über Prozessmanagement in vier weiteren Teilkriterien chronologisch den Geschäftsprozess der Organisation ab, von der Entwicklung bis zum Kundenbeziehungsmanagement:

▶ Prozessmanagement,
▶ kunden- und marktorientierte Entwicklung der Produkte und Dienstleistungen,
▶ Marketing und Vertrieb,
▶ die Herstellung der Produkte bzw. die Erbringung der Dienstleistungen und
▶ das Management der Kundenbeziehung.

3.2.2 Die Ergebniskriterien

Die Unterteilung in vier Ergebniskriterien greift das Grundkonzept der Excellence *dauerhaft herausragende Ergebnisse erzielen* auf. Bis 2012 hieß das Grundkonzept *ausgewogene Ergebnisse erzielen.* Diese Formulierung zeigte eine starke Verwandtschaft mit der weitverbreiteten *Balanced Scorecard* (BSC), die auf Kaplan und Norton zurückgeht. Die klassischen Perspektiven der BSC sind Finanzperspektive, Kundenperspektive, Prozessperspektive und Entwicklungsperspektive. Die Finanzperspektive ist bei EFQM im Kriterium 9 enthalten, die Kundenperspektive entspricht Kriterium 6. Kriterium 7 geht in der Entwicklungsperspektive auf, wobei diese weitere Aspekte umfasst, z. B. zur Innovationsfähigkeit, die das Modell eher Kriterium 9 zuordnet. Die Prozessperspektive würde im EFQM-Modell in die Kriterien 9 und, wenn es um kundenbezogene Prozesse geht, in Kriterium 6 aufgehen. Bleibt Kriterium 8, welches keine eindeutige Entsprechung im BSC-Ansatz findet.

Anders als die Befähigerkriterien haben alle Ergebniskriterien einen identischen Aufbau aus zwei Teilkriterien. Das a-Teilkriterium umfasst sogenannte Spätindikatoren, das b-Kriterium Frühindikatoren. Spätindikatoren sind Kennzahlen, die grundlegende Ergebnisse dokumentieren. Für die Kriterien 6 bis 8, die explizit jeweils eine Interessengruppe adressieren, umfasst das deren gemessene Wahrnehmung, z. B. mittels Kunden- oder Mitarbeiterbefragung oder Analysen der Wahrnehmung des Unternehmens bezogen auf unternehmensspezifische, explizit eingrenzbare Gruppen der Gesellschaft. Kriterium 9 sammelt im a-Teilkriterium typischerweise die Kennzahlen, die das Erreichen grundlegender, also strategischer Ziele aufzeigen können, bzw. Kennzahlen, mit deren Hilfe Leitung und Gesellschafter am Ende eines Geschäftsjahres den Unternehmenserfolg bewerten können.

Dahingegen sind die Frühindikatoren, die den b-Teilkriterien zugeordnet werden, typischerweise Kennzahlen, die unmittelbar die Signale für aktuelle Veränderungen liefern. Sie sind deshalb steuerungsrelevant. Frühindikatoren sind häufig Prozesskennzahlen, die zur Steuerung von Prozessen dienen. Zum Beispiel sind durch Befragungen ermittelte Kundenbindung oder Mitarbeitermotivation Spätindikatoren, die im Modell den Teilkriterien 6a und 7a zugeordnet werden. Die Anzahl der Kundenbeschwerden und die aktuelle Geschwindigkeit der Reklamationsbearbeitung sind jedoch Frühindikatoren, die mit der Kundenbindung korrelieren. Ebenso verhält es sich mit Abwesenheiten oder Fluktuationszahlen. Steigen sie aktuell an, sind sofortige Interpretation und gegebenenfalls Reaktion erforderlich, bevor der Spätindikator Mitarbeitermotivation überhaupt ausschlagen kann.

3.3   Die RADAR-Bewertungsmethodik

Neben den Grundkonzepten der Excellence und dem EFQM-Modell ist RADAR die dritte Säule des EFQM-Ansatzes. RADAR steht für:

▶ **R**esults (Ergebnisse),
▶ **A**pproach (Vorgehensweise),
▶ **D**eployment (Umsetzung),
▶ **A**ssessment and **R**efinement (Bewertung und Verbesserung).

Die Grundidee von RADAR ist als **P**lan-**D**o-**C**heck-**A**ct Cycle (PDCA-Zyklus) oder Deming Cycle bekannt. Bild 12 zeigt die Verwandtschaft auf.

Die Innovation durch RADAR liegt in der weitreichenden Operationalisierung der alten PDCA-Idee als Messinstrument für den Reifegrad einer Organisation. Zusätzlich erfüllt RADAR die alte Funktion von PDCA im Qualitätsmanage-

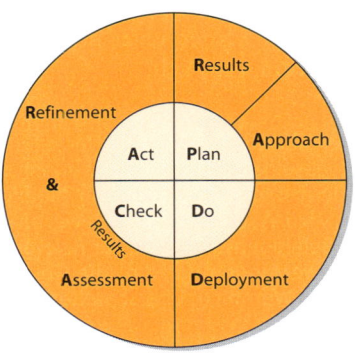

Bild 12: *RADAR (außen) und PDCA (innen)*

ment, als Prinzipskizze für die QM-typischen Regelkreise aus Planen, Umsetzen, Messen und Verbessern zu dienen.

Aufgrund seines Einsatzes als Messinstrument ist RADAR feiner unterteilt als PDCA. Die EFQM verwendet zwei RA-DAR-Bewertungsmatrizen, eine für Ergebnisse (acht Teilkriterien der Ergebniskriterien) und eine für Befähiger (24 Teilkriterien der Befähigerkriterien).

Jedes der vier RADAR-Elemente (R + A + D + AR) ist unterteilt in mehrere RADAR-Attribute (jeweils Spalte 2 in Tabelle 2 und Tabelle 3), wobei das R für Results zunächst noch eine weitere Unterteilung in *Relevanz und Nutzen* und *Leistungen* erhält. Für jedes Attribut hat die EFQM Erklärungen formuliert (Spalte 3). Die Ausprägung jedes Attributs wird auf einer Skala von 0 bis 100 % bewertet, wobei für Ergebnisteilkriterien und Befähigerteilkriterien die jeweils eigene Matrix zum Einsatz kommt. Dann erfolgt die arithmetische Mittelung pro Element (bzw. bei Results/Ergebnisse für *Relevanz und Nutzen* und *Leistungen*). Eine weitere arithmetische Mittelung über die Elemente ergibt einen Prozentwert für das betrachtete Teilkriterium. Die Bewertungen aller Teilkriterien eines Kriteriums werden dann arithmetisch zu einem Wert für das Kriterium gemittelt.

● Liegen vor dem Mitteln die Werte für die Attribute weit auseinander, wird nicht mehr arithmetisch, sondern so gemittelt, dass der niedrige Wert stärker gewichtet wird. Auch stellen die Bewertungen von *Vorgehen* für die Befähigermatrix und für *Relevanz und Nutzen* limitierende Bewertungen dar, d.h., die Gesamtbewertung darf jeweils deren Wert nicht überschreiten.

Vorgehen	fundiert	Das Vorgehen ist klar begründet und basiert auf den Bedürfnissen der relevanten Interessengruppen und auf Prozessen.
	integriert	Das Vorgehen unterstützt die Strategie und ist mit anderen relevanten Vorgehensweisen verzahnt.
Umsetzung	eingeführt	Das Vorgehen wird zügig in den relevanten Bereichen eingeführt.
	angemessen	Die Ausführung ist sinnvoll und eröffnet die Möglichkeit zu Anpassung und organisatorischer Veränderung.
Bewertung und Verbesserung	Messung	Effizienz und Effektivität des Vorgehens und dessen Umsetzung werden in geeigneter Weise gemessen.
	Lernen und Kreativität	Lernen und Kreativität werden genutzt, um Verbesserungs- oder Innovationsmöglichkeiten zu erschließen.
	Verbesserung und Innovation	Ergebnisse aus Messung, Lernen und Kreativität werden genutzt, um Verbesserungen und Innovationen zu beurteilen, zu priorisieren und einzuführen.

Tabelle 2: *RADAR-Matrix Befähiger (EFQM 2013)*

Relevanz und Nutzen	Umfang und Relevanz	Ein stimmiges Set von Ergebnissen, einschließlich Schlüssel-ergebnissen, ist identifiziert, um die Leistung der Organisation hinsichtlich ihrer Strategie, Ziele und der Bedürfnisse und Erwartungen der relevanten Interessenpartner zu zeigen.
	Integrität	Ergebnisse werden zeitgerecht erhoben, sind aussagekräftig und genau.
	Segmentie-rung	Ergebnisse sind angemessen segmentiert, um für die Steue-rung bedeutsame Erkenntnisse zu erzielen.
Leistungen	Trends	Es liegen positive Trends oder nachhaltig gute Leistungen über mindestens drei Jahre vor.
	Ziele	Für die Schlüsselergebnisse sind angemessene, im Einklang mit der Strategie stehende Ziele gesetzt und werden durch-gängig erreicht.
	Vergleiche	Für die Schlüsselergebnisse werden relevante, günstig aus-fallende und im Einklang mit der Strategie stehende, externe Vergleiche angestellt.
	Tragfähigkeit	Basierend auf dem dargelegten Verständnis von Ursache und Wirkung gibt es Grund zu der Annahme, dass das Leistungs-niveau auch künftig gehalten werden kann.

Tabelle 3: *RADAR-Matrix Ergebnisse (EFQM 2013)*

Aus den Prozentzahlen der Kriterien entstehen Punktwerte, bei den Befähigerkriterien durch direkte Übertragung (Gewichtungsfaktor 1), bei den Ergebniskriterien 6 und 9 durch Multiplikation mit dem Gewichtungsfaktor 1,5 (Kriterien 7 und 8 haben wie die Befähigerkriterien den Gewichtungsfaktor 1). Auf diese Weise entsteht ein Reifegradprofil über die 32 Teilkriterien und über die neun Kriterien und letztlich ein Wert zwischen 0 und 1000 Punkten, der den Gesamtreifegrad der Organisation repräsentiert. Das Bewertungsschema wird durch Feinheiten, wie Gewichtungsfaktoren bei den Teilkriterien von Kriterien 6 und 7 sowie eine Sonderregelung bei der Bildung der Bewertung von Relevanz und Nutzen, noch weiter differenziert.

> Das Arbeiten mit RADAR zur Erzeugung eines Reifegradprofils und einer Reifegradbewertung bedarf des intensiven Trainings und einer Routine der praktischen Anwendung, damit reproduzierbare Bewertungsergebnisse entstehen können. Typischerweise wird eine solche Bewertung in einem Team für die RADAR-Anwendung geschulter EFQM-Assessoren angefertigt.

3.4   Qualitätspreise auf EFQM-Modellbasis

Die EFQM hat mit Beginn ihrer Aktivitäten darauf hingearbeitet, ihren Qualitätsmanagementansatz mittels eines europäischen Qualitätspreises bekannt zu machen. Seit 1992 gibt es demnach den European Quality Award (EQA). 2005 wurde er in EFQM Excellence Award (EEA) umbenannt und heißt bis heute so. Vorbild war 1992 der US-amerikanische Malcolm Baldrige National Quality Award (MBNQA). Die Kür der Finalisten und Gewinner basiert auf einer durch ein

Assessorenteam durchgeführten RADAR-Reifegradbewertung der Bewerberorganisation entlang der 32 Teilkriterien des EFQM-Modells und zusätzlich einer Juryentscheidung.

Nahezu alle Länder Europas haben nationale Pendants des EEA ins Leben gerufen. In Deutschland ist dies der 1997 unter Beteiligung der DGQ gegründete Ludwig-Erhard-Preis, in der Schweiz der Esprix und in Österreich der Staatspreis Unternehmensqualität.

2002 hat die EFQM den Award ergänzt um das Programm EFQM Levels of Excellence (LoE), ein Anerkennungsprogramm, das als oberste Stufe den EEA umfasst und darunter weitere Stufen ergänzt. EFQM Recognised for Excellence (R4E) bildet die mittlere Stufe und ist nach RADAR-Bewertungen von jeweils 100 Punkten weiter unterteilt. Sie wird ab 300 RADAR-Punkten vergeben (drei Sterne) und kann ebenso mit 400 Punkten (vier Sterne) und 500 Punkten (fünf Sterne) attestiert werden. Die Bewertung ist eine leicht vereinfachte und im Aufwand reduzierte Variante des Award-Verfahrens.

Die Einstiegsstufe bildet das EFQM Committed to Excellence (C2E). Hier erfolgt kein umfängliches externes Teamassessment entlang der 32 Teilkriterien, vielmehr soll die Bewerberorganisation im Rahmen eines von der EFQM Validation (deutsch: Validierung) genannten Verfahrens einem einzelnen Validator darlegen, dass sie in einer EFQM-Selbstbewertung Potenziale identifizieren, priorisieren und in Projekten Verbesserungen erzielen kann. Dieses Vorgehen bildet den Prozess der Organisationsentwicklung mit seinen Schritten Analyse, Konzeption und Umsetzung ab. Im Zuge der Validierung muss die Organisation genau drei auf diese Weise umgesetzte Verbesserungsprojekte präsentieren, die der Validator mittels an RADAR angelehnter Kriterien bewertet.

2003 wurden die EFQM Levels of Excellence von der EFQM-Partnerorganisation DGQ in Deutschland einge-führt.

> Informationen zum EEA und den EFQM Levels of Excellence: www.efqm.org
> Informationen zum Nationalen Qualitätspreis und den nationalen Umsetzungen der EFQM Levels of Excellence
> • in Deutschland: www.dgq.de
> • in Österreich: www.qualityaustria.com
> • in der Schweiz: www.saq.de, www.esprix.de

Die EFQM Levels of Excellence können in der Organisa-tionsentwicklung als plakative Meilensteine eingesetzt wer-den und die Reifegradentwicklung über mehrere Jahre hin-weg begleiten.

4 Marketing und Kommunikation der Organisationsentwicklung

WORUM GEHT ES?

In diesem Kapitel geht es darum, wie Qualitätsmanager und Organisationsentwickler ihr Thema und sich vermarkten und wie sie die Kommunikation zu ihren Themen, Prozessen und Projekten gestalten. Die Themen Marketing und Kommunikation sind dabei eng verwoben, dennoch aber mit eigenständigem Fokus zu betrachten und deshalb in jeweils einem eigenen Unterkapitel behandelt.

WAS BRINGT ES?

Qualitätsmanager und Organisationsentwickler, die stringent und zielgerichtet kommunizieren, haben eine größere Chance, erfolgreich zu sein. Anders gesagt können grandiose Organisationsentwicklungskonzepte an mangelndem Marketing oder schlechter Kommunikation ebenso grandios scheitern. QM- und Organisationsentwicklungskompetenz sind notwendige Voraussetzungen für eine erfolgreiche Tätigkeit. Kommunikations- und Marketingkompetenz sind allerdings häufig die ausschlaggebenden Erfolgsfaktoren.

WIE GEHE ICH VOR?

Nicht nur Produkte, auch Organisationsentwicklungsideen und -projekte können wir mit besserer Wirksamkeit realisieren, wenn wir unter dem Namen Marketing zusammengefasste Techniken und Wissen anwenden. Zunächst gilt dabei, das Unternehmen als Organisationsentwicklungsmarktplatz zu verstehen und die Kunden- oder Zielgruppen zu identifizieren und zu typisieren. Von zentraler Bedeutung ist die Bedarfsanalyse, eine Tabelle gibt dazu Hilfestellung und bietet Leitfragen für die Bedarfsklärung der unterschiedlichen Zielgruppen.

Der initiale Schritt der Organisationsentwicklung ist die Analyse von Verbesserungs- und Entwicklungspotenzialen. Sind diese identifiziert, beginnt die erste Vermarktungsaufgabe, nämlich bei Leitung und Führungskräften die Notwendigkeit eines OE-Projektes zu begründen und die dafür notwendigen Ressourcen zu akquirieren. Nach der Konzeption müssen die Organisationsentwickler dann die entstandenen Lösungen bei Leitung, Führungskräften und betroffenen Mitarbeitern vermarkten. Das Kapitel liefert dazu Hinweise und Tipps, explizit auch zur Vermarktung von EFQM, ISO und Co.

Zur Gestaltung der Kommunikation rund um Organisations- und Qualitätsmanagemententwicklung gilt es, die erforderliche Kommunikationskultur zu reflektieren und entsprechend zielgerichtet zu entwickeln, das Unterkapitel OE-Kommunikation beginnt mit Hinweisen dazu und beschreibt dann Aspekte der Planung der OE-Kommunikation. Viel Mühe müssen sich Organisationsentwickler mit Schlüsselbegriffen und einer angemessenen Sprache geben, deshalb erfolgen dazu weitere Tipps. Anschließend folgen Betrachtungen zu Kommunikationsanlässen und -formaten. Nicht zuletzt müssen Organisationsentwickler, oft gemeinsam mit Spezialisten der Unternehmenskommunikation, einen Beitrag zur externen Kommunikation leisten.

4.1   OE-Marketing

Marketing im Kontext Organisationsentwicklung und Qualitätsmanagement bedeutet, bei der Leitung nach erfolgter Analyse das Interesse an einer Benennung und Erschließung eines in der Analyse erkannten Potenzials zu gewinnen sowie die für Konzeption und Umsetzung notwendigen Ressourcen zu akquirieren. Sie bedeutet darüber hinaus, nach der Konzeption eines Lösungsansatzes erneut die Leitung, aber auch die weiteren Führungskräfte und Mitarbeiter auf die beginnende Veränderung möglichst positiv einzustimmen sowie Akzeptanz für und Mitwirkung bei der Umsetzung von Lösungen zu gewinnen.

 OE-Marketing bedeutet auch immer ein Stück weit *Selbstvermarkung* des Organisationsentwicklers. Organisationsentwickler sind für eine erfolgreiche Aufgabenerfüllung darauf angewiesen, als kompetent und vertrauenswürdig angesehen zu werden.

4.1.1 Marktplatz Unternehmen

Vor einer Vermarktung steht das Verstehen des Marktes. Intern bedeutet dies, die Bedürfnislage und die Erwartungen unterschiedlicher Zielgruppen von Organisationsentwicklung zu kennen und zu verstehen (Bedarfsanalyse). Eine weitere Analogie zum klassischen, nach außen gerichteten Marketing ist die Wettbewerberanalyse. Es gibt interne und externe Wettbewerber für Organisationsentwickler und Qualitätsmanager. Das sind andere Stabs- und Spezialistenfunktionen, wie z. B. Personalentwickler, IT-Leitungen, Mitglieder der Leitung und weitere Führungskräfte, die eigene Projekte vorantreiben möchten und dabei auf die limitierten Ressourcen und die Aufmerksamkeit der Leitung angewiesen sind.

Zielgruppentypisierung

Im Unternehmen sind Gruppen unterscheidbar, deren unterschiedliche Ziele, Motive und Verhaltensweisen in Bezug zu QM- und Organisationsentwicklung unterschiedliche Ansprache und Berücksichtigung bei Lösungsansätzen erfordern. Dabei können Zielkonflikte entstehen, die erkannt und gelöst bzw. entschärft werden müssen.

Auf dem Wege hin zur Berücksichtigung der Anforderungen einzelner Gruppen hilft eine Zielgruppentypisierung. Mit ihrer Hilfe werden typische Rezipienten von Organisationsentwicklungsarbeit charakterisiert und benannt.

Unterscheidung nach Grad der Einflussnahme:

- ► Entscheider,
- ► Mitwirkende,
- ► Betroffene.

Unterscheidung nach Rolle:

- ► Leitung,
- ► Führungskräfte,
- ► Mitarbeiter.

Unterscheidung nach Grad der Unterstützung (können in jeder der genannten Gruppen auftreten):

- ► Unterstützer,
- ► Abwartende,
- ► Widerständler.

Nach unternehmensindividuellen Ausprägungen:

- ► saturierte Stammbelegschaft,
- ► junge Wilde,
- ► progressive Stammbelegschaft
- ► …

Wichtig ist, dass über die Zuordnung weder begrifflich noch inhaltlich eine abwertende oder negative diskriminierende Beschreibung entsteht. Die Benennungen müssen für den internen Sprachgebrauch und eine offene Kommunikation geeignet sein, sodass sie eine gewollte Auseinandersetzung mit Verhaltensweisen und Motivlagen erlauben.

Bedarfsanalyse

Ziele und Motive, Bedürfnisse und Erwartungen der einzelnen Zielgruppen (z. B. Leitung, Führungskräfte, Mitarbeiter) bezogen auf Organisationsentwicklung unterscheiden sich, und es gilt, sie zu verstehen. Die in Tabelle 4 genannten Themen können dabei eine Rolle spielen.

Zur Erhebung der Bedürfnisse gibt es ein besonders wirksames Mittel, nämlich einen repräsentativen Teil der Zielgruppe danach zu fragen. Dabei kommen nicht die Fragen der Tabelle zum Einsatz, sondern zielgruppentaugliche angepasste Fragestellungen. Besteht nicht die Möglichkeit oder die Absicht, die Zielgruppen selbst zu fragen, müssen die Verantwortlichen den Bedarf antizipieren.

4.1.2 Potenzial vermarkten

Im Zuge des OE-Prozessschrittes Analyse identifizieren Organisationsentwickler selbst Verbesserungs- und Entwicklungspotenziale oder sie greifen aussagekräftige Analysen von anderen Stellen in der Organisation oder von externen Beratern auf. Nun gilt es, bei der Leitung und den weiteren Ebenen der Führungskräfte das Bewusstsein für die Potenziale, für Schwächen, ungenutzte Stärken und für Probleme zu schärfen.

Thema	Schlüsselfrage der Zielgruppe: ✎ ....
Kommunikation	Welche Informationen, welche Diskussionsmöglichkeiten und welche Formate von Kommunikation brauche ich?
Partizipation	Wie kann ich mich einbringen, wie kann ich Organisationsentwicklung beeinflussen?
Sicherheit	Wie kann ich meinen Status, meine Errungenschaften, meinen Arbeitsplatz nachhaltig absichern?
Veränderung	Welche Veränderungen wünsche ich mir?
Entwicklung	Wie entwickeln sich meine Organisation und meine Organisationseinheit? Welche Entwicklungsmöglichkeiten entstehen dann für mich selbst?
Vor-/Nachteile	Welche Vor- und Nachteile entstehen für mich?
Beziehungen	Wie verändern sich Beziehungen?
Eigene Position und die der anderen	Wie stehe ich im Vergleich zu den anderen jetzt und später da? Wie wird sich die Position derer, die ich mag, und derer, die ich nicht mag, verändern?

Tabelle 4: *Themen für Klärungen von persönlichen Bedürfnissen*

Potenzialbewusstsein schaffen

Idealerweise gehen Organisationsentwicklungsimpulse von der Leitung aus. Selbst dann, besonders aber, wenn die Leitung den Bedarf nicht erkennt, gilt es, bei der Leitung und den weiteren Ebenen der Führungskräfte das Bewusstsein für die Potenziale, für Schwächen, ungenutzte Stärken und für Probleme zu schärfen.

Beteiligen Sie die Leitung an der Analyse im Rahmen einer EFQM-Selbstbewertung. Eine Selbstbewertung im Leitungskreis erzeugt Konsens über die vorhandenen Stärken und Schwächen und letztlich über die Potenziale der Organisation.

Allerdings ist es meist nicht einfach, Schwächen, Probleme und Verbesserungspotenziale zu benennen, häufig können oder wollen Führungskräfte diese nicht wahrhaben, nicht sehen oder nicht darüber reden. Eine Problematik liegt darin, dass Schwächen und Probleme zwar auch einmal vom Himmel fallen können, es dafür meist aber Ursachen und auch häufig Verantwortliche gibt. Die Verantwortung entsteht durch:

▶ getroffene Entscheidungen unter mehreren möglichen Alternativen,
▶ Unterlassung, also nicht entschieden zu haben,
▶ die Delegation der Entscheidung.

Folgende Ansätze helfen, Schwächen, Probleme und Verbesserungspotenziale zu benennen:

▶ keine Schuldigen produzieren,
▶ zurückhaltend formulieren, keine allergieauslösenden Begriffe verwenden (Führungskräfte können auch zwischen den Zeilen lesen),
▶ niemanden angreifen, bloßstellen, brüskieren (Vieraugengespräche suchen),
▶ keine Lösungen vorwegnehmen (sonst wird der Bote zur Partei im Wettstreit der alternativen Konzepte),
▶ keine unglaubwürdigen Übertreibungen, was mögliche Veränderungen angeht,

▶ Fakten (Ergebnisse, beobachtbares Verhalten) nennen, Meinungen und Interpretationen als solche kennzeichnen,
▶ sprachlich präzise sein,
▶ für die Aussprache eine vom Empfänger geachtete Persönlichkeit als Unterstützer hinzuziehen (die aber selbst zunächst überzeugt werden muss).

Mit der Formulierung von Potenzialen hat sich die EFQM intensiv befasst. Die Assessmentberichte der Bewertungsteams, die Fremdbewertungen durchführen, nennen meist Dutzende Potenziale. Sie sollen reaktanzfrei wirken, die Bereitschaft, darüber nachzudenken, stimulieren und bestenfalls sogar zu Verbesserungshandeln animieren.

Wichtig ist, zu realisieren, dass nicht jedes Potenzial mit Schwächen und Problemen belegt ist; es liegen häufig Potenziale in der Weiterentwicklung von Stärken.

In schwierigen oder bedrohlichen Unternehmenssituationen kann, wenn keine Schockstarre eintritt, eine größere Offenheit für neue Wege und Lösungen herrschen. Gerade wenn die Organisation in einer stabilen, guten Situation ist, fällt es einigen Führungskräften allerdings schwer, bereits die Weichenstellungen für die Zukunft in Form einer sich proaktiv anpassenden Organisation vorzunehmen.

Ressourcen akquirieren

Gelingt es, die Potenziale bei dem oder den wichtigsten Entscheidern zu erläutern und dafür Verständnis zu gewinnen, ist klar, dass eine mögliche Lösung Ressourcen erfordern wird. Bevor die konkrete Lösung erarbeitet wurde, kann die Größenordnung, in der Ressourcen benötigt werden, meistens schon eingegrenzt werden. Spätestens jetzt ist die Kunst überzeugender Akquise erforderlich.

Die Ressourcenakquise gelingt dann mit größerer Wahrscheinlichkeit, wenn Organisationsentwickler den Return on Investment glaubwürdig aufzeigen können. Eine solche Rechnung sollte, wenn nötig, mit Unterstützung erfahrener Kalkulatoren erfolgen und kann ein *Worst*, *Middle* und *Best Case Scenario* umfassen. Ein Anteil x des Return on Investment stünde für die Schaffung einer Lösung zur Verfügung. Auf diese Weise ergibt sich ein mögliches Projektbudget.

4.1.3 Konzept vermarkten

Die Leitung hat den Auftrag zur Lösungskonzeption erteilt, ein Team hat alternative Lösungen skizziert, abgewogen und bewertet. Die Leitung hat eine besonders gut geeignete Lösung ausgewählt, und das Team hat sie weiter ausgearbeitet. Die Erarbeitung einer Lösung erfolgt im Schritt Konzeption des Organisationsentwicklungsprozesses. Nun gilt es, bei den Betroffenen für die Umsetzung der Lösung zu werben.

Ein wichtiger Schritt dahin sind die Identifikation und der Einsatz von glaubwürdigen Fürsprechern und Multiplikatoren. Idealerweise haben die Organisationsentwickler und Verbesserungsprojektmanager diese Personen früh identifiziert und bereits in die Lösungskonzeption eingebunden. Dies gilt auch und gerade für Kritiker der frühen Projektidee. Die Vermarktung der Lösung beginnt meist schon während der Projektarbeit, damit ausreichend Zeit für die Gewinnung der Mitarbeiter besteht. Außerdem ist es unrealistisch, den Projektfortschritt längere Zeit vertraulich zu behandeln, sodass mit zunehmender Passivität in Projektmarketing und -kommunikation die Möglichkeit der geplanten, selbst gesteuerten Kommunikation zurückgeht.

Teamarbeit implementieren

Lösungen, die in einem Team erarbeitet werden, sind zumeist qualitativ besser als Einzellösungen und die Akzeptanz der Mitarbeiter ist im Regelfall höher. Beachtet werden müssen selbstverständlich die Regeln für eine erfolgreiche Teamarbeit.

4.1.4 Vermarktung von EFQM, ISO und Co.

Sehr häufig betreiben Organisationen einen erheblichen Werbeaufwand für von ihnen neu ausgewählte oder reanimierte Qualitätsmanagementansätze. Das geht dann so weit, dass z. B. alle Mitarbeiter eine EFQM- oder ISO-Schulung erhalten und das jeweilige Thema für einige Zeit die interne Kommunikation beherrscht. In vielen Fällen löst dies jedoch wenig positive, dafür aber diese überlagernde negative Effekte aus. Allzu oft haben Mitarbeiter zuvor andere groß angekündigte Initiativen kennengelernt und dann erfahren, dass von den ursprünglich angekündigten Vorteilen nur wenige eingetroffen sind. Auch steht ja nicht die EFQM oder die ISO (9001) im Interesse der Mitarbeiter, vielmehr das eigene Unternehmen und seine Entwicklung. Es spricht also viel dafür, nicht die externen „Marken" in den Fokus zu stellen, sondern eigene Marken zu schaffen.

Überhöhen Sie nicht die „externen Marken", wie EFQM oder ISO. Verwenden Sie eigene Namen, finden Sie sanfte, unspektakuläre Einstiege in die interne Vermarktung und Kommunikation, bis Sie erste Ergebnisse zeigen können, die Mitarbeiter und externe Interessengruppen deshalb beeindrucken, weil sie ihnen nützlich sind.

4.2 OE-Kommunikation

Ist bereits ein umfassender Unternehmenskommunikationsprozess etabliert, dann ist der Kommunikationsprozess im Kontext des Organisationsentwicklungsprozesses nicht zwingend ein eigener Prozess, sondern Teil dieses übergeordneten Prozesses. Dennoch gibt es im Rahmen der Organisationsentwicklung einen spezifischen Kommunikationsbedarf sowohl der OE-Verantwortlichen als auch der von OE momentan Betroffenen sowie darüber hinaus interner und externer Beobachter. Diese Beobachter sind mit hoher Wahrscheinlichkeit, wenn schon nicht jetzt, dann bei zukünftigen Projekten, immer wieder selbst auch Betroffene von Organisationsentwicklung und auch deshalb eine wichtige Zielgruppe der Kommunikation über aktuelle Entwicklungen.

Veränderungsprozesse lösen positive und negative Erwartungen, Hoffnungen und Ängste aus. Über Veränderungen und die damit verbundenen Erwartungen kommunizieren die Mitarbeiter permanent. Miteinander, mit ihren Familien und Freunden, sogar mit Externen, z. B. Kunden, tauschen sie sich darüber aus. Ein eigener Kommunikationsprozess kann dies nicht verhindern, und er sollte dies auch nicht anstreben. Er kann allerdings den Tenor und die Inhalte der Kommunikation im Sinne des Unternehmens prägen.

Doch diese Prägung ist eine feine Gratwanderung zwischen dem Wunsch der Leitung nach der Eindämmung überbordender Diskussion und der Hervorhebung positiver Effekte einerseits und wahrgenommener Zensur, Schönfärberei oder Manipulation andererseits.

Der Satz „Man kann nicht nicht kommunizieren" von Paul Watzlawick zeigt plakativ auf, dass im Kontext Organisationsentwicklung alles Gesagte und alles nicht Gesagte eine enorme Bedeutung bekommen können, so weitgehend, dass Kommunikation maßgeblich für den Erfolg von Organisationsentwicklungsprojekten ist.

Besonders wichtig ist OE-Kommunikation in die Organisation hinein. Aber auch die externe Kommunikation gegenüber Eignern und weiteren Interessengruppen sollte zielgruppenspezifisch dosiert und ausgestaltet werden. Die folgenden Abschnitte befassen sich zunächst ausführlich mit der internen OE-Kommunikation, am Schluss des Kapitels folgen Überlegungen zur externen OE-Kommunikation.

4.2.1 Kommunikationskultur

In modernen Organisationen ist es schwierig, wenn nicht sogar unmöglich, Informationen unter Verschluss zu halten. Abgesehen davon stößt eine restriktive, zurückhaltende Informationspolitik auch an ethische Grenzen. Mitarbeiter haben ein Anrecht darauf, sie betreffende, existenzielle Informationen zu erhalten. Sie haben auch ein Anrecht auf ein Mindestmaß an Partizipation an Entscheidungen und der Diskussion, die zu ihnen führen. Gesetzlich geregelt ist das Informations- und Mitbestimmungsrecht gewählter Mitarbeitervertretungen.

 Beteiligen Sie von Beginn an Mitarbeitervertretungen an der Organisationsentwicklung. Viele Veränderungsprojekte sind mitbestimmungspflichtig, und selbst für die, die es nicht sind, sollten Mitarbeitervertretungen das Angebot der aktiven Mitwirkung, zumindest aber detaillierte Informationen über Konzepte und den Projektfortschritt erhalten.

Allerdings kann auch völlige und sofortige Transparenz schädlich sein. Eine Unternehmensleitung oder ein Veränderungsprojektteam haben ihrerseits ein Anrecht darauf, Ideen und erste Konzepte zunächst einmal vertraulich auszutauschen, um dann mit abgestimmten Positionen an die Unternehmensöffentlichkeit zu gehen.

Dies sind Aspekte der Kommunikationskultur des Unternehmens, die geprägt ist durch Werte und Ziele sowie durch Regeln für Sender und Regeln für Empfänger. Kommunikationskultur ist eine Teilmenge der Unternehmenskultur, und nahezu jedes Leitbild oder vergleichbare Kodizes treffen eine oder mehrere grundlegende Aussagen dazu.

4.2.2 Kommunikation planen

OE-Kommunikation sollte geplant erfolgen. Auch notwendige spontane Aussagen zum Thema sollten sich schlüssig in ein Gesamtkonzept der OE-Kommunikation einfügen.

Wichtige grundsätzliche Klärungen für die OE-Kommunikation sind:

▶ Welches sind die unterschiedlichen Zielgruppen der OE-Kommunikation?
▶ Welche spezifischen Informationsbedürfnisse (Inhalte, Form, Frequenz etc.) haben diese Gruppen?
▶ Welche Inhalte wollen wir vermitteln?
▶ Welche Sprache, welche Begriffe verwenden wir?
▶ Wer hat welche Aufgaben in der OE-Kommunikation? Wer darf und wer soll was wie zu welchen Aspekten mitteilen?
▶ Wie dürfen Empfänger von OE-Informationen darüber mit weiteren Gruppen sprechen (z. B. Mitarbeiter mit Kunden)?

▶ Wie nehmen wir Rückmeldungen aus der Belegschaft und den Interessengruppen zur OE-Kommunikation strukturiert auf, und löst dies angemessene Reaktionen aus?

▶ Wie nehmen wir Rückmeldungen aus der Belegschaft und den Interessengruppen zur Organisationsentwicklung strukturiert auf? Löst dies angemessene Reaktionen aus?

Die letzten beiden Fragestellungen greifen auf, dass Kommunikation keine Einbahnstraße ist. Dem Mitteilungsbedürfnis und der Mitteilungsverpflichtung der Sender Leitung und Organisationsentwickler steht nicht nur das Informationsbedürfnis der Empfänger, sondern auch deren eigenes Mitteilungsbedürfnis gegenüber.

 Neben einer kontinuierlichen, geplanten Kommunikation zur Organisationsentwicklung können für größere Projekte oder temporäre Initiativen der Organisationsentwicklung eigene Kommunikationskampagnen geplant werden. Wo spezialisierte Ressourcen und Kompetenzen vorhanden sind, z. B. in Form einer Stabsstelle Unternehmenskommunikation, sollten Organisationsentwickler damit eng kooperieren.

4.2.3 Schlüsselbegriffe und Sprache

Organisationsentwicklung und Veränderungsmanagement sind weitgehend geprägt durch Beratungseinsätze und Fachliteratur. Damit einher geht eine eigene Sprache, die viele englische, aber auch spezielle deutsche Begriffe verwendet, z. B.

▶ Change Management,
▶ To Dos,
▶ Tasks,

► Learnings, Lessons Learned,
► Deadline,
► Tal der Tränen,
► systemisch, ganzheitlich,
► nachhaltig.

Viel zu häufig werden diese Begriffe in der Kommunikation mit Mitarbeitern verwendet, auch dann, wenn es nicht zu ihrer typischen Sprache gehört. In einigen Situationen wirkt diese Begriffsverwendung erkennbar allergieauslösend. Das bedeutet manchmal gar nicht, dass einige Mitarbeiter diese Begriffe nicht verstehen. Dennoch erleben sie deren Verwendung als Respektlosigkeit, weil sich Berater und Führungskräfte offensichtlich gar nicht erst die Mühe machen, bewusster und empfängerorientiert zu kommunizieren.

Organisationsentwickler und sie unterstützende Kommunikatoren müssen Schlüsselbegriffe zielgruppentauglich formulieren und konsequent und durchgängig verwenden. Die Begriffe müssen zueinander stimmig sein und damit ein konsistentes Begriffssystem bilden. Auch Namen, z. B. Namen für Projekte, Programme, Strategien und Initiativen, sollten geeignet sein, in der Kommunikation positive Assoziationen auszulösen. Aber das ist eine Gratwanderung, denn Euphemismen (Beschönigungen) wirken dann kontraproduktiv, wenn in Organisationsentwicklungs- oder Veränderungsprojekten Themen behandelt werden, die Einschnitte für die Mitarbeiter bedeuten.

 Humor hilft! In der richtigen Dosierung und nicht überzogen können Projektnamen ein Augenzwinkern transportieren und zu einer positiven Kommunikation beitragen.

Beispiele für Ideen zur Benennung von Projekten:

▶ Eine kirchliche Bildungseinrichtung nennt ein Projekt zur Entwicklung eines Prozesses zur Erarbeitung von Lehrmeinungen *Matthäus 5, Vers 37* (benennt eine Stelle im Neuen Testament).

▶ In einem mittelständischen Unternehmen nennt der Projektleiter sein Projekt zur Weiterentwicklung des Kennzahlensystems *MessDas*.

▶ Ein 30-jähriger Dienstleister, dessen Stammbelegschaft mit dem Unternehmen gealtert ist, bildet erstmalig aus und baut parallel seinen Rekrutierungsprozess aus. Er nennt seine Initiative *Jungbrunnen*.

▶ Die Organisation ist im Hightech-Umfeld tätig, der Chef ist Science-Fiction-Fan, was viele Mitarbeiter wissen. Der Qualitätsmanager nennt ein Projekt zum Ausbau des Wissensmanagements *Total Recall* (wörtlich vollständige Erinnerung, Science-Fiction-Film aus dem Jahr 1990, Neuverfilmung 2012).

4.2.4 Kommunikationsanlässe und -formate

Wenn Organisationsentwicklung als Führungsprozess eine kontinuierliche Erlebbarkeit erhält, wenn sie durch eigene Funktionen, Ressourcen und Prozesse abgrenzbar und somit für Mitarbeiter sichtbar wird, dann ist es ratsam, durchgängige Kommunikationsformate und wiederkehrende Kommunikationsanlässe zum Thema Organisationsentwicklung zu definieren.

Eine wichtige Errungenschaft ist die Kontinuität der OE-Kommunikation. Sie vermittelt – bei funktionierendem Organisationsentwicklungsprozess auch völlig zu Recht – auf Mitarbeiter den Eindruck von Souveränität und nachhaltigem Vorgehen. Es gibt zwei Anlässe für OE-Kommunikation:

▶ aktuelle OE-Ereignisse und
▶ Termine bereits etablierter Zusammenkünfte und die Veröffentlichung von regelmäßigen Publikationen, z. B.:
  – reguläre Betriebsversammlungen, Mitarbeiterversammlungen,
  – die Kaskade von Leitungs-, Bereichs-, Abteilungs- und Teambesprechungen,
  – interne Newsletter,
  – Printpublikationen.

Selbst die situative Kommunikation zu aktuellen OE-Ereignissen strahlt dann die gewünschte Kontinuität aus, wenn Format und Stil der Kommunikation wiedererkennbar sind. Dazu bieten sich Formatvorlagen an, z. B. für:

▶ Projektsteckbriefe,
▶ OE-Statusmeldungen,
▶ Präsentationen vor Teams.

Bei den etablierten Zusammenkünften und Publikationen leisten feste Agendapunkte, Rubriken oder Kapitel Wiedererkennbarkeit und erlauben eine stringente Fortschreibung der OE-Konzepte und -Aktivitäten.

 Ein besonders für die langfristige OE-Kommunikation geeignetes Format ist der rollierende Organisationsentwicklungsfahrplan (oder Excellence-Fahrplan). Er stellt für das jeweils aktuelle und die zwei folgenden Jahre alle Organisationsentwicklungsthemen und -projekte in ihrer Reihenfolge und sinnlogischen Verknüpfung dar.

Die Erstellung eines rollierenden Organisationsentwicklungsfahrplans (auch Excellence-Fahrplan) erfolgt im Schritt Konzeption des Organisationsentwicklungsprozesses. Durch seine wiederkehrende Verwendung entstehen Wiederkennbarkeit und Vertrautheit, und dennoch wird durch die jährliche Fortschreibung die Dynamik der Organisationsentwicklung deutlich.

4.2.5 Externe Kommunikation

Die grundsätzlichen Überlegungen zur transparenten und offenen Kommunikationskultur gelten auch gegenüber den externen Interessengruppen, allerdings mit zielgruppenbedingten Einschränkungen. Denn wer bezogen auf die sensiblen Prozesse der Organisationsentwicklung nach außen zu offen ist, der ist manchmal auch nicht ganz dicht.

Den weitestreichenden Anspruch auf Information haben die Gesellschafter. Auch hier ist der rollierende Organisationsentwicklungsfahrplan ein hervorragendes Format für OE-Kommunikation. Er vermittelt den Gesellschaftern reflektiertes, vorausschauendes und geplantes Vorgehen in der Organisationsentwicklung durch die Leitung. Und genau diese Vermittlung von Kompetenz ist ein zentrales Kommunikationsziel der Leitung. Sie schafft Vertrauen und erleichtert Zustimmung und Unterstützung.

5 Organisationsentwicklung in der Praxis

WORUM GEHT ES?

Hier geht es darum, die Hauptschritte der Organisationsentwicklung, Analyse, Konzeption und Umsetzung zu verstehen und Hinweise zu ihrer Gestaltung zu erhalten. Entsprechend ist das Kapitel in diese drei Unterkapitel gegliedert.

WAS BRINGT ES?

Organisationsentwicklung ist kein alchimistischer Vorgang. Sie ist prozesshaft zu gestalten und als Prozess steuerbar und auch verbesserungsfähig, wenn man sie in ihre Schritte zerlegt und diese methodisch angemessen ausgestaltet. Wie das gelingt, beschreiben die folgenden drei Unterkapitel.

WIE GEHE ICH VOR?

5.1 Analyse

Das Qualitätsmanagement kennt und verwendet viele Methoden der Analyse. Beispiele dafür sind die Fehlerbaumanalyse (FBA oder FTA für Failure Tree Analysis), die Fehlermöglichkeits- und -einflussanalyse (FMEA, Failure Mode and Effects Analysis). Auch die Statistische Qualitätskontrolle (SPC) hat ausgeprägte Phasen der Analyse, um darauf gestützt zu geeigneten Interventionen und Maßnahmen zu kommen.

Organisationsentwicklung ist ein erfolgsentscheidender, existenzieller Führungsprozess der Organisation. Ihn ohne den Schritt einer Analyse zu begehen würde bedeuten, ausschließlich intuitiv zu handeln und Gefahr zu laufen, leidige Themen und Potenziale auszublenden oder zu ignorieren.

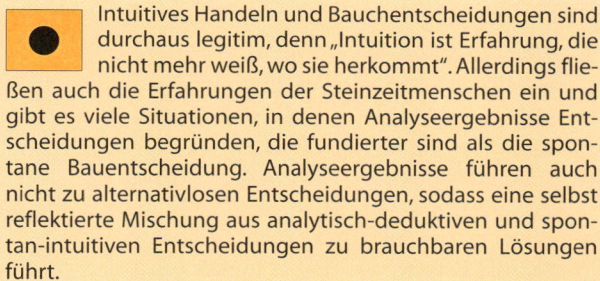

Intuitives Handeln und Bauchentscheidungen sind durchaus legitim, denn „Intuition ist Erfahrung, die nicht mehr weiß, wo sie herkommt". Allerdings fließen auch die Erfahrungen der Steinzeitmenschen ein und gibt es viele Situationen, in denen Analyseergebnisse Entscheidungen begründen, die fundierter sind als die spontane Bauentscheidung. Analyseergebnisse führen auch nicht zu alternativlosen Entscheidungen, sodass eine selbst reflektierte Mischung aus analytisch-deduktiven und spontan-intuitiven Entscheidungen zu brauchbaren Lösungen führt.

Schlüssel für eine erkenntnissteigernde Analyse sind:

▶ eine klare Formulierung der Ausgangsfragestellung(en) und gegebenenfalls von Ausgangsthesen oder -hypothesen,

▶ die Einbeziehung möglichst aller relevanten Aspekte in die Analyse (systemische Betrachtung),

▶ die Wahl einer geeigneten und möglichst ressourcenschonenden Methode und

▶ eine aussagekräftige Zusammenfassung der Erkenntnisse.

Führen Sie die Analyse von Potenzialen für die Organisationsentwicklung durch, ohne Lösungen vorwegzunehmen. Zu frühe Benennungen einer Lösung durch die Analytiker schalten weitere Mitarbeiter von der kreativen Phase der Konzeption aus. Das kann zu einer Verminderung der Akzeptanz, der Nichtverfolgung alternativer, besserer Lösungsansätze und zur Frustration und letztlich Ablehnung führen. Analysen beschreiben lösungsneutral die Situation und die Ursachen, die zu ihr führen.

5.1.1 Grundlagen der Analyse

Ausgangsfragestellungen, -thesen und -hypothesen formulieren

Eine These stellt eine einfache Behauptung dar, z. B.: *Unsere Innovationskraft ist hinter die unserer beiden wichtigsten Wettbewerber zurückgefallen.* Eine Hypothese stellt einen Zusammenhang zwischen mindestens zwei Faktoren her, z. B.: *Weil wir zu viele Ressourcen für das operative Wachstum einsetzen, lässt unsere Innovationskraft im Vergleich zu unseren beiden wichtigsten Wettbewerbern nach.*

Wichtig ist, dass Thesen oder Hypothesen, auch wenn sie als begründete Annahmen entstehen, bestätigt, aber vor allem auch verworfen werden können. Es liegt in der Natur des Menschen, dass wir, gerade auch in der Rolle als Führungskräfte, für einmal von uns formulierte Thesen eher die Bestätigung suchen und schwierig ihre Widerlegung hinnehmen. Die Organisation analysierende Qualitätsmanager und Organisationsentwickler haben die besondere Verantwortung, immer wieder die bestätigenden und die widersprechenden Signale zu erkennen und angemessen zur Geltung zu bringen.

 Anleitung zur Formulierung von Thesen und Hypothesen

- Mittels Brainstorming Vermutungen und Annahmen zusammentragen über
  - zukünftige Entwicklungen (Wie stehen wir in drei Jahren da, wenn wir so weitermachen wie bisher?),
  - Stärken, Schwächen, Potenziale (Welches ist unser stärkster Hebel/stärkstes Hindernis für eine deutlich bessere Entwicklung?).

- Diese einzeln durchsprechen und bestätigen oder verwerfen (Was spricht dafür, was spricht dagegen?).
- These (herausfordernd – nicht provokant) ausformulieren.
- These (bei Bedarf) weiterentwickeln zur Hypothese (Überlegen: Wenn …, dann …).
- Analytik zur Überprüfung der These/Hypothese erarbeiten.

Relevante Aspekte der Analyse

Sind Fragestellungen und Thesen für eine Analyse formuliert, gilt es, das System abzugrenzen, das der Analyse unterzogen wird. Welche Elemente gehören in das System, welche stehen außerhalb und können vernachlässigt oder ignoriert werden. Vielleicht gibt es auch Elemente, die man gerne ins zu analysierende System aufnehmen würde, aber wegen fehlender Ressourcen oder fehlender Machbarkeit nicht einbeziehen kann. Über die Systemabgrenzung hinaus gibt es weitere relevante Aspekte:

▶ Was ist der Auslöser für die Analyse?
▶ Was ist der Gegenstand der Analyse?
▶ Wer benötigt die Erkenntnisse?
▶ Wer unterstützt die Analyse? Wer möchte sie verhindern?
▶ Wer kann zum Erkenntnisgewinn beitragen?
▶ Wo sind relevante Informationen zu finden?
▶ Wie ist der Analysegegenstand systemisch in die Organisation eingebunden? Wie lässt er sich sinnvoll ein-, abgrenzen?
▶ Welches ist eine geeignete Analysemethode?
▶ In welchem Format sind Analyseergebnisse zu präsentieren? Wem?

Diese und gegebenenfalls weitere geeignete Fragestellungen können in einen formellen *Analyseauftrag* einfließen.

5.1.2 Analysemethoden

Für die Organisationsentwicklung eingesetzte Analysemethoden sollen:

▶ Entwicklungs- und Verbesserungspotenziale für die Organisationsentwicklung aufdecken,

▶ den Reifegrad der Organisation im Vergleich mit anderen messen,

▶ erfolgsfördernde und erfolgshemmende Faktoren identifizieren,

▶ Kernkompetenzen identifizieren,

▶ Ursache-Wirkungs-Zusammenhänge verstehen helfen,

▶ Symptome von Veränderung und Wandel früh erkennen helfen,

▶ den Grad und die Wirkung umgesetzter oder in Umsetzung befindlicher Organisationsentwicklungsprojekte evaluieren.

 Der Schritt Analyse der Organisationsentwicklung kann auch als Teilschritt des Strategieprozesses angelegt sein. Oder zwischen Strategieprozess und Organisationsentwicklungsprozess gibt es entsprechende Schnittstellen, an denen die relevanten Informationen und Analyseergebnisse übergeben werden.

Einige Methoden der Analyse werden im Folgenden näher beschrieben. Die folgende Gliederung stellt ein Raster der Analysemethoden dar:

▶ *Reflexion*
▶ *Recherche*
  – *Dokumentenrecherche*
  – *Beobachtung* (Kreidekreis, Hospitation)
  – *Interview* (Einzelinterview, Gruppeninterview)
  – *Audit*
▶ *Messung* (mathematisch-technische Messverfahren, soziologische Messverfahren)
▶ *Kombinationen (EFQM-Selbstbewertung)*

Darüber hinaus gehört zum Schritt Analyse, an der Schnittstelle zu den unterstützenden Prozessen *Kommunikation* und *Vermarktung*, die angemessene Aufbereitung der Erkenntnisse.

Reflexion

Die Reflexion, die ein Team oder Einzelne über die Charakteristika, die Stärken und Schwächen und letztlich die Organisationsentwicklungspotenziale anstellen, ist eine erste Möglichkeit der Organisationsanalyse. Die Ergebnisqualität hängt dabei maßgeblich von der Kompetenz und Erfahrung der Analytiker ab. Vermutlich halten viele Qualitätsmanager diese Methode für unwissenschaftlich und weniger valide als z. B. Recherche oder Messung. Doch eine im Team von Experten durchgeführte Reflexion mag besser verwertbare Erkenntnisse verschaffen als eine methodisch fragwürdig konzipierte, falsch durchgeführte oder falsch interpretierte Messung.

Die Reflexion führt zu subjektiven Bewertungen. In unserer zahlendominierten Welt gilt dies als Makel. Diese Sicht blendet aus, dass Führungsentscheidungen immer subjektive Entscheidungen sind. Im besten Fall sind sie Ergebnis von

Reflexionen, bei denen Führungskräfte sowohl auf Erfahrung gestützte Intuitionen verwerten als auch in einem darüber hinausgehenden Schritt Fakten reflektieren und Plausibilitäten hinterfragen.

 In seinem Werk *Schnelles Denken, langsames Denken* beschreibt David Kahneman, wie wir intuitive und wie wir bewusste Entscheidungen treffen und welchen Illusionen, Verzerrungen und Irrtümern wir dabei systematisch erliegen können (Kahneman 2012).

Die Reflexion (Tabelle 5) muss nicht ohne jegliche Unterstützung anderer Methoden erfolgen, sie kann sich auf Rechercheergebnisse und Messungen stützen. Die Reflexion ist wesentlicher Bestandteil einer EFQM-Selbstbewertung.

Recherche

Wer wissen will und muss, wie es in der Organisation wirklich aussieht, muss – durchaus kritisch – lesen, fragen, hinschauen. Die Recherche (Tabelle 6) ist ein explizit zielgerichtetes und eigens vorab geplantes und strukturiertes Vorgehen.

Die Durchführung der Recherche erfolgt anlassbezogen im Kontext eines Analyseauftrages. Grundlegende Charakteristika sind in Tabelle 6 beschrieben. Ablaufbeschreibungen für einzelne Methoden liefern ergänzend dazu praxisnahe Anleitungen.

Dokumentenrecherche

Die Dokumentenrecherche (Tabelle 7) ist häufig eine Vorstufe weiterer Rechercheschritte, wie z. B. Beobachtung oder Interview. Der Erkenntnisgewinn kann schnell an Grenzen

Methode	Reflexion
Einsatz-gebiet	Analyse von Organisationen, Organisationsein-heiten
Ziel	• Entwicklungs- und Verbesserungspotenziale für die Organisationsentwicklung aufdecken • erfolgsfördernde und erfolgshemmende Fak-toren identifizieren • Kernkompetenzen identifizieren • Ursache-Wirkungs-Zusammenhänge verstehen helfen • Symptome von Veränderung und Wandel früh erkennen helfen
Ergebnisse (Format)	Entwicklungs- und Verbesserungspotenziale, Erfolgsfaktoren, Kernkompetenzen, Ursache-Wir-kungs-Ketten, Symptome (Texte, Bilder, Listen)
Vorteile	einfach; ad hoc einsetzbar; stärkt elementare Führungskompetenz
Nachteile	bei einigen Rezipienten geringe Akzeptanz; dominante Personen verzerren Ergebnis; anfällig für Irrtümer
Varianten	Kombinationen mit anderen Analyseverfahren
Aufwand	gering
Tipps	Reflexion im Team mit unterschiedlich ver-anlagten Persönlichkeiten anstellen; Ergebnisse ansprechend visualisieren

Tabelle 5: *Methodensteckbrief Reflexion*

stoßen, wenn klar wird, dass die Dokumente ein unvollstän-diges, verzerrtes oder von der offensichtlich gelebten Praxis abweichendes Bild erzeugen. Gerade dann sind weiter ge-hende Rechercheschritte vor Ort oder mit unmittelbar Betei-ligten erforderlich.

Methode	Recherche
Einsatz-gebiet	Analyse von Organisationen, Organisationsein-heiten
Ziel	• Entwicklungs- und Verbesserungspotenziale für die Organisationsentwicklung aufdecken • erfolgsfördernde und erfolgshemmende Faktoren identifizieren • Kernkompetenzen identifizieren • Ursache-Wirkungs-Zusammenhänge verstehen helfen • Symptome von Veränderung und Wandel früh erkennen helfen
Ergebnisse (Format)	Entwicklungs- und Verbesserungspotenziale, Erfolgsfaktoren, Kernkompetenzen, Ursache-Wirkungs-Ketten, Symptome (Texte, Bilder, Listen)
Vorteile	verschafft bisher nicht bekannte oder beachtete Erkenntnisse; unterstützt Erkenntnisse mit Beispielen aus der Praxis, gegebenenfalls Worst oder Best Practice; Erkenntnisse sind schwierig zu verwerfen oder zu widerlegen
Nachteile	aufwendig; kann Reaktanz auslösen
Varianten	• Dokumentenrecherche • Beobachtung • Interview
Aufwand	mittel bis hoch
Tipps	bestehende Formate (Audit, Controlling) integrieren

Tabelle 6: *Methodensteckbrief Recherche*

Methode	Dokumentenrecherche
Ablauf	1. Rechercheziel definieren
	2. Dokumente identifizieren, beschaffen
	3. Textanalyse
	4. Relevante Aspekte identifizieren, Fundstellen referenzieren
	5. Auswerten, zusammenfassen, Bericht erstellen
Tipps	In einer Analyse für Organisationsentwicklung geht es um das Erkennen von Potenzialen und das Gewinnen von Erkenntnissen, nicht eine Prüfung auf die Brillanz der Dokumentenlenkung und -gestaltung.

Tabelle 7: *Ablauf Dokumentenrecherche*

Beobachtung

Beobachtung (Tabelle 8) ist, was den Erkenntnisgewinn angeht, der Dokumentenrecherche meist weit überlegen. Sie ist jedoch auch deutlich aufwendiger und stellt eine Intervention in Prozesse und Team dar, die wohlgesetzt und erklärt sein sollte, damit sie keine (ungewollten) Irritationen oder sogar Reaktanz auslöst.

 Irritationen können durchaus gewollt sein, und sind dann ein Mittel der Organisationsentwicklung, die zum Schritt Umsetzung gehört.

Interview

Das Interview (Tabelle 9) ist im Qualitätsmanagement ein wohlbekanntes Rechercheformat, weil es in Audits und

Methode	Beobachtung
Ablauf	1. Rechercheziel definieren,
	2. Geeignete Orte, Situationen identifizieren
	3. Setting festlegen (Dauer; Art; erlaubtes, unerwünschtes Verhalten; Ausstattung …)
	4. Mitarbeitervertretung informieren, konsultieren
	5. Auftrag für Beobachter formulieren
	6. Beobachter auswählen, briefen
	7. Betroffene Mitarbeiter informieren
	8. Beobachtungen anstellen und protokollieren
	9a. Beobachtungen auswerten
	9b. Beobachtungen gemeinsam mit Betroffenen interpretieren
	10. Zusammenfassen, Bericht erstellen
Varianten	• Hospitation (Experte [E] oder Führungskraft [FK] wirkt aktiv in einem Prozess mit) • Kreidekreis (E oder FK zieht einen Kreis mit einem Meter Durchmesser, z.B. in einem Produktionsbereich, stellt sich für einen längeren Zeitraum [halbe Schicht, Schicht] in diesen Kreis und beobachtet)
Tipps	Es gibt Settings, in denen Beobachtung ohne Vorabinformation der Mitarbeiter denkbar ist. Dennoch ist eine Vorabinformation meist angemessen. Immer, wenn die Beobachtung bekannt ist, die Beobachter wahrnehmbar sind, stellen sie eine Intervention in Prozesse dar, die gegebenenfalls auch zu Veränderungen im aktuellen Handeln führt. Dessen soll sich der Beobachter bei der Interpretation bewusst sein.

Tabelle 8: *Methodensteckbrief Beobachtung*

Methode	Interview
Ablauf	1. Rechercheziel definieren
	2. Geeignete Interviewpartner identifizieren
	3. Ort und Setting definieren
	4. Interview und Ziel ankündigen
	5. Interviewleitfaden erstellen
	6. Interview durchführen
	7. Interview protokollieren
	8. Auswerten, zusammenfassen, Bericht erstellen
Tipps	Interviewer mögen selbst entscheiden, ob sie mit detailliert vorbereiteten Fragen arbeiten oder – in Anlehnung an die Überlegungen des Interviewleitfadens – situativ Fragen entwickeln und im Gesprächsverlauf anpassen. Letzteres benötigt Erfahrung und Talent, führt aber besser zum Erkenntnisgewinn. Auch in diesem Fall kann es aber sinnvoll sein, einige Einstiegsfragen vorab auszuformulieren. Sehr fach- und prozessspezifische Interviews lassen sich gut mit einzelnen Experten führen. Bei interviewunerfahrenen und potenziell nervösen Gesprächspartnern, oder wenn es besondere Fragestellungen z. B. zur Unternehmenskultur gibt, ist das Gruppeninterview eine geeignete Herangehensweise (die EFQM nennt solche Gruppen in ihren Assessments Fokusgruppen).

Tabelle 9: *Ablauf Interview*

EFQM-Assessments zum Einsatz kommt. Erforderliche Kompetenzen der Auditoren und Assessoren sind unter anderem analytische Kompetenz und das Beherrschen von Interview-, insbesondere Fragetechniken.

Im Kontext der Analyse für die Organisationsentwicklung ist das Interview eine mächtige Methode – wenn es gelingt, aus dem inzwischen oft eingeschliffenen Modus des Auditrituals auszubrechen. Das gelingt unter anderem durch ein entsprechendes Setting und die Ankündigung des Interviews und des Analyseziels vorab.

Audit

Das Audit ist ein Format der Recherche, das bereits in den meisten Organisationen etabliert ist. Es stützt sich auf alle hier beschriebenen Rechercheformen, die Dokumentenrecherche, die Beobachtung und die Interviews. Sein ursprüngliches Ziel war die Konformitätsprüfung bezogen auf ein QM- oder sonstiges Regelwerk. Dann kam der Auftrag, zusätzlich Potenziale für Verbesserungen zu identifizieren. Im Kontext der Analyse zur Organisationsentwicklung ist das bestehende Auditsystem auch gut geeignet, dafür explizit formulierte Thesen und Hypothesen zu hinterfragen. Dazu erhalten Auditoren dann eigens zusätzliche Rechercheaufträge, und Organisationsentwickler werten Erkenntnisse gemeinsam mit ihnen aus.

Gefahr eines Auditrituals

In vielen Organisationen ist ein Auditritual entstanden, bei dem Auditoren und Auditierte auf die im Grunde immer gleichen Fragestellungen die in Stil und Inhalt erwünschten Antworten liefern. Der Erkenntnisgewinn ist so für beide Seiten gering.

Der erweiterte Auftrag, Erkenntnisse über Potenziale der Organisationsentwicklung zu verschaffen, kann dem inter-

nen Audit wieder zu mehr Beachtung und Spannung ver-
helfen. So kann das interne Auditsystem auch dazu genutzt
werden, EFQM-Selbstbewertungen vorzubereiten, indem
Auditoren die Kriterien des EFQM-Modells und die RADAR-
Attribute nutzen, um Erkenntnisse über Stärken und Ver-
besserungspotenziale kumulativ zusammenzutragen. Die
EFQM-Selbstbewertung selbst kann dann sogar integraler
Bestandteil des Managementreviews sein.

Messung

Die Messverfahren, die für die Analyse zur Organisationsentwicklung besonders wichtig sind, lassen sich in zwei
Gruppen unterscheiden:

▸ mathematisch-technische Messverfahren und
▸ soziologische Messverfahren.

Mathematisch-technische Messverfahren kommen zum
Einsatz, wenn es um Finanz- oder Stoffströme geht, z. B. Pro-
zessleistungen, Deckungsbeiträge, aber auch die Demografie
der Belegschaft.

Soziologische Verfahren kommen zum Einsatz, wenn es
um menschliche Wahrnehmung und das Verhalten Einzelner
und von Gruppen geht, z. B. das Kaufverhalten einer be-
stimmten Kundengruppe oder die Mitarbeitermotivation.

Es gibt Überschneidungen und Kombinationen beider
Gruppen von Messverfahren, und soziologische Verfahren
nutzen auch die Mathematik.

 Soziologische Verfahren benötigen ein zusätz-
liches Methodenwissen, das in einigen Organisationen wenig vorhanden ist. Viele Studien zur Kun-

denzufriedenheit oder Mitarbeiterzufriedenheit sind zwar mit Fleiß und viel gesundem Menschenverstand, aber ohne dieses Wissen entstanden. So liefern sie zwar Ergebnisse, selten aber weiterführende, manchmal sogar irreführende.

Drei Ansätze, die messende Verfahren einsetzen, eignen sich besonders für die Analyse:

- ▶ Sonderauswertungen vorhandener Kennzahlen und Ergebnisse,
- ▶ Design und Erhebung neuer Kennzahlen,
- ▶ Studien.

In den meisten Organisationen gibt es Kennzahlensysteme, die unmittelbar für die Organisationsentwicklung relevante Informationen liefern. Spezifische Analyseaufträge im Kontext der Organisationsentwicklung bedeuten dann, aus dem bestehenden Kennzahlenpool die geeigneten Kennzahlen und ihre bereits vorhandenen Ergebnisse auszuwählen. In Sonderauswertungen werden diese Ergebnisse neu betrachtet, Korrelationen mit anderen Ergebnissen hinterfragt und neu interpretiert. In vielen Organisationen leistet das Controlling, wenn es nicht auf reines Finanzcontrolling beschränkt ist, derartige Sonderauswertungen. Controller sind deshalb für Organisationsentwicklung gerade im Schritt Analyse wichtige interne Partner. Beispiele sind die Untersuchung der Korrelation von Auslastung, Produktivität und Fehlerhäufigkeit oder die Korrelation von Fehlzeiten und Führungsverhalten.

Liefern bestehende Kennzahlen nicht die notwendigen Erkenntnisse, gilt es, neue Kennzahlen zu designen und zu erheben. Dabei ist zu klären, ob ihre Erhebung, die mit Aufwand verbunden ist, von nun an dauerhaft oder temporär erfolgt. So misst z. B. eine Vertriebsorganisation den Umsatz pro Kunden und nutzt die Ergebnisse zur Segmentierung von Kundengruppen. Das führt aber zu Bündelungen von Kunden, die einmalig einen großen Umsatz machen, und denen, die kontinuierlich mittlere Umsätze generieren. Mann entscheidet sich, eine neue Kennzahl RFM-Index einzuführen (R = Recency, zeigt an, wie lang der letzte Kauf zurückliegt; F = Frequency, zeigt an, wie häufig Kunden ordern; M = Monetary, zeigt das Umsatzvolumen an). Der RFM-Index führt zu ganz anderen Kategorisierungen und in der Konsequenz zu einer Neustrukturierung des Vertriebs.

Der Übergang von Design und Erhebung neuer Kennzahlen hin zur Studie ist fließend. Hier sei unter Studie ein umfangreiches Erhebungsprojekt verstanden. Es gibt im EFQM-Ansatz zwei Teilkriterien, zu denen sogar regelmäßig Studien zum Einsatz kommen, um sich für die Organisationsentwicklung geeignete Erkenntnisse zu verschaffen. Das sind Kriterium 6a (kundenbezogene Ergebnisse, Wahrnehmungen) und Kriterium 7a (mitarbeiterbezogene Ergebnisse, Wahrnehmungen), und die entsprechenden Studien sind Kunden- und Mitarbeiterbefragung. Beide sind von großem Nutzen für die Organisationsentwicklung, und ihre Ergebnisse sind häufig Anlass für entsprechende Projekte. Kundenbefragungen liefern dabei Informationen über Aspekte der Zufriedenheit, der emotionalen Bindung und darüber, ob und wie die Attribute, mit denen sich die Organisation gegenüber Kunden positioniert, für diese erlebbar sind. Mitarbeiterbefragungen liefern Informationen über die Wahrnehmung von strukturellen und kulturellen Aspekten der Organisation, insbesondere über die Wirkung von Führung.

Für Befragungen hat sich bewährt:

▶ Kunden- und Mitarbeiterbefragung inhaltlich und methodisch zu verknüpfen, um Zusammenhänge zu erkennen,

▶ einen zeitstabilen Kern von Fragen zu stellen, um Trends zu erkennen und jeweils um aktuelle Fragestellungen zu ergänzen,

▶ organisationsspezifische Aspekte abzufragen (Leitbild, Werte, Erfolgsfaktoren).

 Für die Auswertung einer Kundenbefragung sind hinsichtlich der einzelnen, unternehmensspezifischen Attribute der Positionierung (z. B. innovativ, kundenorientiert) folgende Erkenntnisse von Bedeutung:
• Wie gut ist das Attribut ausgeprägt?
• Wie wichtig ist es den Kunden?
• Differenziert es vom Wettbewerb?

Die Antworten auf derartige Fragestellungen erlauben, den Fokus auf die Themen zu richten, die den Kunden wichtig sind und die zusätzlich vom Wettbewerb differenzieren.

5.1.3 Die (EFQM-)Selbstbewertung als umfassende Analysemethode

Eine Selbstbewertung (Self-Assessment) ist inzwischen im Qualitätsmanagement eine etablierte Analysemethode für Organisationen oder Organisationseinheiten. Sie nutzt alle beschriebenen Analyseformate, Recherche, Beobachtung und Messung, und stellt somit eine Kombination von Analysemethoden dar. Auch die ISO 9004 kennt und bewirbt die Selbstbewertung und bietet dafür ein Werkzeug in Form einer fünfstufigen Reifegradmatrix. Verwandt zur Selbstbewertung ist die Fremdbewertung (Assessment, External Assessment). Die

Verbreitung des EFQM-Ansatzes hat zu einer deutlichen Zunahme von Selbstbewertungen (EFQM-Selbstbewertungen) geführt.

Es gibt unterschiedliche Varianten der Selbstbewertung, je nach Medium, Art der Durchführung und Betrachtungsgegenstand:

▶ Medien:
 – Fragebogen/Fragenliste mit festen Antwortoptionen (skaliert, nicht skaliert),
 – Fragebogen/Fragenliste mit freien Antwortoptionen,
 – Matrix (generisch, spezifisch),
 – „weißes Blatt", ungestützt.
▶ Art der Durchführung:
 – recherchebasiert (gestützt auf Dokumente, Begehungen, Interviews),
 – ad hoc (gestützt auf Reflexion, auf momentan im Bewertungsteam vorhandenes Wissen).
▶ Betrachtungsgegenstand:
 – themenorientiert, entlang der Kriterien und Teilkriterien des EFQM-Modells,
 – prozessorientiert, entlang der Prozesse der Organisation/Organisationseinheit.

Die EFQM-Selbstbewertung wirkt im Wesentlichen auch dadurch, dass ein Team aus Bewertern *Konsens* in der gemeinsamen Analyse der Organisation erzielt.

> **Nicht die brillante Organisationsanalyse eines Einzelnen löst Handlungsdruck aus, sondern das gemeinsame Erkennen der Potenziale und daraufhin das gemeinsame Priorisieren von Handlungsfeldern.**

Die Führungskräfte haben selten ein einheitliches Bild der eigenen Organisation. Die Buddhisten sagen: „Es gibt viele Wahrheiten, aber nur eine Wirklichkeit." So geht es in der Selbstbewertung nicht darum, dass sich eine starke Führungspersönlichkeit in der Analyse mit ihrer Wahrheit durchsetzt, sondern dass alle miteinander Konsens über eine gemeinsame Sicht der Wirklichkeit erzielen. Deshalb ist die EFQM-Selbstbewertung auch unbedingt als Instrument der Führung, sogar der Leitung zu positionieren.

 Die Bedeutung des Konsenses vor dem Hintergrund der unterschiedlichen Bilder (oder auch die Problematik einer einseitigen Sichtweise) erläutern Sie anschaulich auf folgende Weise. Stellen Sie ein Glas so hinter eine Wasserflasche, das diese es verdeckt. (Das Aufstellen darf jeder sehen.) Bitten Sie jeweils jemand, der vor, hinter, links oder rechts dieser Anordnung sitzt, zu beschreiben, was er dort sieht. Der eine sieht nur eine Flasche, die andere ein Glas, hinter dem eine Flasche steht, von der Seite gesehen ist das Glas links oder rechts der Flasche. Wenn jetzt alle von oben auf die Anordnung schauen, erkennen sie, was wirklich los ist. Und diesen Blick von oben, um gemeinsam das Gleiche zu sehen, liefert der Konsensprozess bei der EFQM-Selbstbewertung.

Die EFQM hat unter anderem die *Simulation der Bewerbung* als Selbstbewertungsmethode benannt. Bewerbung bedeutet hier die Bewerbung um den EFQM Excellence Award (EEA), den ja eine EFQM-Jury auf Basis von EFQM-Fremdbewertungen durch Assessorenteams vergibt. Die Simulation der Bewerbung stellt eine methodische Maximallösung dar. Tabelle 10 beschreibt den Ablauf.

Dies ist eine funktionierende Methode. Sie hat nur einen Nachteil. Sie ist derart aufwendig, dass viele Organisationen,

Methode	EFQM-Selbstbewertung, Simulationsmethode
Ablauf	1. Auswahl und Ausbildung eines Bewertungs-teams (möglichst Leitungsteam) zu EFQM-Assessoren (zwei bis vier Tage)
	2. Analyse der Stärken und Verbesserungspoten-ziale für jedes Teilkriterium des Modells, erfolgt oft durch Bildung sogenannter Kriterienteams, die in einem Zeitraum von mehreren Wochen die notwendigen Recherchen anstellen
	3. Zusammenfassung aller Teilberichte in einen Selbstbewertungsbericht mit den Stärken und Schwächen für alle 32 Teilkriterien
	4. Analyse der Stärken und Verbesserungspoten-ziale der Bewerberorganisation für jedes Teilkriterium des Modells, dies erfolgt meist durch Bildung sogenannter Kriterienteams, die in einem Zeitraum von mehreren Wochen die dafür notwendigen Recherchen anstellen
	5. Zusammenfassung aller Teilberichte in einen Selbstbewertungsbericht, der Stärken und Schwächen für alle 32 Teilkriterien benennt
	6. Konsensworkshop im Bewertungsteam (zwei Tage), die Kriterienverantwortlichen präsentie-ren die Erkenntnisse zu den Teilkriterien ihres Kriteriums, das Bewertungsteam entscheidet über die abschließenden Formulierungen der Stärken und Verbesserungspotenziale und legt im Konsens für jedes Teilkriterium eine RADAR-Bewertung fest
Tipp	Klären Sie im Vorfeld die Notwendigkeit und die Bereitschaft für ein derartig aufwendiges Vorge-hen.

Tabelle 10: *Ablauf Simulation*

die sich zunächst für den EFQM-Ansatz interessieren, dann davon Abstand nehmen und weitere, die sich darauf einlassen, diesen Aufwand einmal und dann nicht wieder betreiben. Die, die mehrfach diese Methode einsetzen, investieren eine sehr große Managementressource nur für die EFQM-Selbstbewertung – obwohl sie ihr eigentliches Analyseziel auch mit viel weniger Aufwand erreichen könnten. Warum ist dann die methodische Maximallösung so verbreitet? Weil sie mit Aufkommen der ersten Selbstbewertungen zunächst die einzige war, zu der man Erfahrungen aus dem seit 1992 vergebenen European Quality Award hatte. Und weil EFQM-Assessoren genau dafür ausgebildet wurden und dann auch im internen Einsatz oder als Berater für andere alle Register ziehen wollten.

Ökonomischere und für die Organisationsentwicklung besonders gut geeignete Alternativen sind der kurze, moderierte Selbstbewertungsworkshop (Ad-hoc-Selbstbewertungsworkshop) und die Matrixmethode, deren Beschreibungen nun folgen.

Ad-hoc-Selbstbewertungsworkshop

Für den Ad-hoc-Selbstbewertungsworkshop (kurz Workshop) brauchen die Teilnehmer keine EFQM- oder Selbstbewertungsvorkenntnisse, wenn ein erfahrener Moderator durch den Workshop führt. Der Workshop hat folgende Charakteristika:

▶ Er benötigt keine Vorbereitung, ist daher sehr ressourcenschonend.
▶ Er liefert keine detailreiche, feinziselierte Analyse, richtet aber gerade deshalb den Blick auf die wesentlichen Potenziale.

▶ Er ist neben der Analyse auch eine Lernplattform, bei der Teilnehmer erstmalig den EFQM-Ansatz sehr anschaulich kennenlernen oder Mal um Mal vertiefen.

▶ Eine RADAR-Bewertung im Team erfolgt nicht (gegebenenfalls bewertet der RADAR-geschulte Moderator allein und im Schnelldurchgang und erläutert kurz die Methode und das Bewertungsergebnis).

Gerade die ersten ein bis vier Selbstbewertungen können gut auf die Benennung einer Vielzahl von Verbesserungspotenzialen und eine RADAR-Bewertung verzichten. Es kommt mehr darauf an, einige substanzielle, große Potenziale im Konsens miteinander zu benennen und anzugehen. Eine RADAR-Bewertung hingegen ist nicht nur aufwendig zu erzeugen, die Teilnehmer des Bewertungsteams müssen darin geschult und in der Anwendung erfahren sein, damit reproduzierbare Bewertungsergebnisse entstehen. Von mehreren unerfahrenen Bewertern erzeugte RADAR-Ergebnisse unterliegen einer großen Messunsicherheit, der sich die Bewerter nicht ausreichend bewusst sind. Die Ergebnisse sind bei den ersten Malen unzuverlässig.

Skalierte Messergebnisse lösen bei Führungskräften manchmal den Reflex aus, Standorte zu vergleichen und Jahr für Jahr die Verbesserungen des Reifegrades an einer Kennzahl aufzeigen zu können. Dafür ist die Kennzahl aber zunächst viel zu wenig valide. Nach mehreren Selbstbewertungen und dem immer besseren Verstehen des Modells und RADAR fällt es leichter, mit RADAR zu bewerten, und die Ergebnisse sind dann auch valider.

Die meisten und oft wichtigsten Verbesserungspotenziale sind bei den Befähigerkriterien angesiedelt. Mittels Ergebniskriterien aufgedeckte Potenziale sind fehlende oder ungeeignete Kennzahlen, fehlende oder nicht erreichte Ziele oder negative Trends, was allerdings wieder in Richtung Befähiger deutet. Deshalb kann das Zeitfenster für die Analyse der Ergebniskriterien zugunsten der Befähiger deutlich kürzer ausfallen. Für die Ergebniskriterien hat sich sogar eine kurze Vorbereitung bewährt, indem jemand mit EFQM-Erfahrung vorhandene Kennzahlen sammelt und den Ergebnisteilkriterien zuordnet („Kennzahleninventur"). Eine Ad-hoc-Selbstbewertung erfordert

▶ einen versierten Moderator, der sicher im EFQM-Modell und mit RADAR navigiert,
▶ ein bis zwei Tage Zeit,
▶ das Leitungsteam,
▶ Pinnwände und Flipchart, Moderationskoffer (oder Laptop und Beamer).

Tabelle 11 zeigt den Ablauf der Ad-hoc-Methode im Überblick.

Fragebogen und Selbstbewertungsmatrix

Wem die Simulation zu aufwendig ist und die Ad-hoc-Methode zu viele Freiheitsgrade aufweist, der kann zur EFQM-Selbstbewertung Fragebögen oder, wie durch die ISO 9004 favorisiert, Matrizen einsetzen (Tabelle 12).

Die Fragebogenmethode ist einfach beschrieben. Je nach beabsichtigter Detaillierung erschließen Fragen die Kriterien oder Teilkriterien. Es gibt alternativ skalierte Antwortmöglichkeiten oder ausformulierte inhaltliche Antworten oder eine Mischung aus beidem. Die Fragebögen füllen die Teilnehmer der Selbstbewertung in gemeinsamer Runde oder allein aus. Es ist sinnvoll, die Einzelergebnisse zu dokumen-

Methode	EFQM-Selbstbewertung, Ad-hoc-Methode
Ablauf	1. Auswahl und Briefing Moderator
	2. Kurze Erläuterung der Methode und des EFQM-Modells im Rahmen des Workshops (ca. ein bis zwei Stunden)
	3. Erarbeitung von Stärken und Verbesserungs-potenzialen für die Befähigerkriterien (je zwei bis vier pro Kriterium)
	4. Kurze Reflexion der Kennzahlensituation ent-lang der Ergebniskriterien, Identifikation von blinden Flecken in den Kennzahlensystemen
	5. Gruppieren der Verbesserungspotenziale nach Grad der Verwandtschaft, Bildung von Ober-themen
	6. Priorisierung der Oberthemen (optional), Erar-beitung einer Rangfolge und Verknüpfung der Oberthemen
Tipp	Beginnen Sie nicht mit Kriterium 1 Führung, son-dern mit Kriterium 5 oder 4. Rufen Sie das sensible Thema Führung erst auf, wenn alle in der Methode sicher sind.

Tabelle 11: *Ablauf Ad-hoc-Methode*

tieren und dann zu einer mittleren Bewertung zusammen-zufassen. Selbst wenn bei der Fragebogenmethode in ge-meinsamer Runde eine Diskussion möglich ist, fällt diese im Vergleich zu den Workshops der Simulation oder Ad-hoc-Methode meist dürftig aus. Durch die starren Fragen ist we-nig Flexibilität und situatives Eingehen auf die Diskussion und die so wichtige Konsensfindung möglich. Den Vorteil der Fragebogenmethode, den geringen Aufwand, bietet ebenso die ansonsten viel ergiebigere Ad-hoc-Methode.

Methode	EFQM-Selbstbewertung, Matrix
Ablauf (1. bis 3. einmalige Vorbereitung, 4. bis 7. eigentliche Selbstbewertung)	1. Formulierung der Fragen/Aussagen (Anzahl abhängig von gewünschter Detailtiefe)
	2. Festlegung der Reifegradstufen (Anzahl der Spalten)
	3. Ausformulierung der Felder der Matrix (zunächst Beschreibung der mittleren Stufe auf dem Niveau guter Praxis in der Organisation, dann Graduierungen nach unten und oben ausformulieren, die oberste Reifegradstufe stellt das heutige Verständnis von Excellence dar)
	4. a) Mitglieder des Bewertungsteams kreuzen einzeln zeilenweise die Reifegrade an, anschließend Aussprache und Konsensbildung oder b) Mitglieder bewerten gemeinsam
	5. Abschließend gemeinsame Identifikation von Verbesserungspotenzialen
	6. Gruppieren der Verbesserungspotenziale nach Grad der Verwandtschaft, Bildung von Oberthemen
	7. Priorisierung der Oberthemen (optional), Erarbeitung einer Rangfolge und Verknüpfung der Oberthemen
Tipp	Prüfen Sie alle drei Jahre die Matrix auf ihre Gültigkeit. Mit fortschreitendem Reifegrad kann eine Neuformulierung der Reifegradstufen (Linksverschiebung) notwendig werden.

Tabelle 12: *Methodensteckbrief Matrixmethode*

Ein echtes Alleinstellungsmerkmal als Masterplan für Organisationsentwicklung hat jedoch die der Fragebogenmethode verwandte Matrixmethode. Ihre Zeilen bestehen aus Fragen oder Aussagen entlang der Kriterien und Teilkriterien des EFQM-Modells, für die in mehreren, meist fünf Stufen steigende Reifegradausprägungen formuliert sind. Dies kann generisch geschehen, d. h. für alle Spalten gleichlautend, oder spezifisch, d. h. für jede Frage oder Aussage ist jede der fünf Reifegradausprägungen eigens ausformuliert. (Für mehr als fünf Stufen lassen sich meistens keine angemessenen Abstufungen mehr finden.)

Allerdings muss eine solche Matrix organisationsspezifisch formuliert werden. Der Aufwand dafür ist hoch. Tabelle 13 zeigt ein Beispiel mit zwei Fragen zur Führung und einer zu Prozessen.

Besteht die Matrix allerdings, kann sie mehrere Jahre lang zum Einsatz kommen. Vor allem ist sie geeignet, standardisierte Selbstbewertungen in unterschiedlichen Organisationseinheiten (Bereiche, Geschäftsfelder, Standorte) der gleichen Organisation durchzuführen. Das wiederum rechtfertigt den hohen Erstellungsaufwand. Darüber hinaus bietet die Matrix die Möglichkeit, durch die Ausformulierung der einzelnen Reifegradstufen für jede Frage, eine Zieldefinition von Organisationsentwicklung aufzuzeigen. Eine individuell angefertigte Selbstbewertungsmatrix stellt somit einen Masterplan für die Organisationsentwicklung dar. Dazu ist es aber erforderlich, entweder im Leitungskreis die Matrix zu erarbeiten oder dort mindestens einen vorgefertigten Entwurf der Organisationsentwickler zu diskutieren und zu überarbeiten.

Reifegradstufe 1	Reifegradstufe 2	Reifegradstufe 3	Reifegradstufe 4	Reifegradstufe 5
Vermitteln Führungskräfte (FK) den Mitarbeitern (MA) ein konsistentes Bild über die Zielrichtung und angestrebte Zukunft des Unternehmens?				
Unsere Zielrichtung geht aus dem Leitbild hervor.	Die Leitung hat den Mitarbeitern die langfristigen Ziele und eine Vision der Zukunft erläutert.	Die Leitung referenziert regelmäßig auf die langfristigen Ziele. Ihr Handeln ist für die MA erkennbar darauf ausgerichtet.	Alle FK referenzieren regelmäßig auf die langfristigen Ziele. Ihr Handeln ist für die MA erkennbar darauf ausgerichtet.	FK und MA sind im kontinuierlichen Dialog über die Zukunft, schreiben gemeinsam die Zukunftsvision fort.
Gibt es Führungsgrundsätze und werden diese gelebt?				
Es gibt keine schriftlich formulierten Führungsgrundsätze.	Führungsgrundsätze sind formuliert.	Anspruchsvolle Führungsgrundsätze sind formuliert und durch konkrete Maßnahmen operationalisiert.	Die meisten FK gelten in der gemessenen Wahrnehmung der MA als Vorbilder bezogen auf die Führungsgrundsätze. Eklatante Verstöße führen zum Verlust des FK-Status.	Alle FK gelten in der gemessenen Wahrnehmung der MA als Vorbilder bezogen auf die Führungsgrundsätze.
Werden Prozesse mit Kennzahlen gesteuert und verbessert?				
Vereinzelt setzen wir prozessbezogene Kennzahlen ein. Eine explizite Prozesssteuerung erfolgt damit nicht.	Vereinzelt setzen wir prozessbezogene Kennzahlen zur Prozesssteuerung ein.	Die meisten Prozesse steuern wir mit Kennzahlen und verbessern einige kontinuierlich.	Die meisten Prozesse steuern wir mit Kennzahlen zur Effektivität und Effizienz, verbessern viele nachweislich kontinuierlich.	Alle Prozesse steuern wir mit Kennzahlen zur Effektivität und Effizienz, verbessern die meisten nachweislich kontinuierlich.

Tabelle 13: *Beispiel für Selbstbewertungsmatrix*

Variante prozessorientierte Selbstbewertung

Die Kriteriengliederung des EFQM-Modells ist zwar wohlüberlegt, aber nicht zwangsläufig und somit austauschbar. Eine Selbstbewertung kann durchaus entlang anderer Kriterien erfolgen. Meistens verliert die Organisation dann aber die Vergleichbarkeit mit den vielen anderen, die EFQM-Fremd- und -Selbstbewertungen machen. Es gibt dennoch eine Möglichkeit, die EFQM-Themengliederung zugunsten einer organisationsindividuellen Betrachtung zu verändern und zur Grundlage einer Selbstbewertung zu machen und die Vergleichsmöglichkeit zu erhalten. In der minimalistischen Variante erfolgt nun prozessbezogen die Analyse der Stärken und Verbesserungspotenziale. In der fortgeschrittenen Version erfolgt zusätzlich die RADAR-Bewertung der Prozesse, die dann mittels einer Zuordnungsmatrix auf die Teilkriterien umgerechnet werden kann, das Prinzip der Matrix zeigt Tabelle 14.

	Teilkriterium			
Prozess	1a	1b	…	5e
Prozess 1	x	x		x
Prozess 2		x		
…				
Prozess 22		x		
Rechnerischer Mittelwert	45	35	…	60
Zugewiesener Wert	50	40		55

Tabelle 14: *Zuordnungsmatrix für prozessorientierte Selbstbewertung*

Anwender dieser Methode haben meistens schon Erfahrung mit den klassischen, modellkriterienorientierten Formaten der EFQM-Selbstbewertung gemacht und setzen diese Methode im Zuge ihres Lern- und Entwicklungsprozesses zur Stärkung der Prozessorientierung ein, um durch den Perspektivenwechsel neue Erkenntnisse aus der Selbstbewertung zu gewinnen. Tabelle 15 zeigt den Methodensteckbrief einer prozessorientierten Selbstbewertung.

Die Stärke der Selbstbewertung liegt im Erkenntnisgewinn, der mit einer Selbstreflexion verbunden ist, sowie in der Kraft des Konsensprozesses, der in die Lage versetzt, aus einer gemeinsamen Analyse gemeinsam getragene Verbesserungsthemen zu identifizieren, zu priorisieren und den Handlungsdruck für die Umsetzung zu erhöhen.

Deshalb ist es für die Organisationsentwicklung in den allermeisten Fällen ratsam, nicht mit einer Fremd-, sondern mit Selbstbewertungen einen – möglichst jährlichen – Zyklus aus Analyse und Organisationsentwicklungsprojektarbeit zu starten. Erst nach einigen Selbstbewertungen kann eine Fremdbewertung einen Zusatznutzen stiften.

Fremdbewertung

Eine Fremdbewertung

▶ gleicht das Selbst- mit einem Fremdbild ab,
▶ fördert Lernschritte im Verständnis des EFQM-Ansatzes und der eigenen Organisation,
▶ bricht die Routine auf, sodass wieder neue Lust auf das Verfahren entsteht,
▶ liefert eine kalibrierte RADAR-Bewertung und ermöglicht dadurch den validen Vergleich mit anderen.

Methode	Prozessorientierte Selbstbewertung mit RADAR
Ablauf	1. Prozessbezogen Stärken und Verbesserungspotenziale benennen (z.B. mittels Ad-hoc-Workshop), RADAR-Bewertung vornehmen
	2. Ergebniskriterien analysieren und mit RADAR bewerten
	3. Mittels Matrix aus Prozessen (Zielen) und Teilkriterien (Spalten) Prozesse den Befähigerteilkriterien des EFQM-Modells zuordnen
	4. RADAR-Bewertung für Prozess in die Felder der Matrix eintragen, wo eine Zuordnung erfolgt ist, spaltenweise den arithmetischen Mittelwert bilden, als Ergebnis entsteht ein RADAR-Bewertungsprofil über die Befähigerteilkriterien
	5. Rechnerisch ermittelte Bewertungen für die Befähigerteilkriterien auf Plausibilität prüfen und gegebenenfalls anpassen (kurze Diskussion und Konsens erforderlich), sodass ein stimmiges Profil entsteht
	6. Gruppieren der Verbesserungspotenziale nach Grad der Verwandtschaft, Bildung von Oberthemen
	7. Priorisierung der Oberthemen (optional), Erarbeitung einer Rangfolge und Verknüpfung der Oberthemen
Tipps	Die Akzeptanz dieser Vorgehensweise ist hoch, weil die Struktur des EFQM-Modells zugunsten der eigenen Prozessstruktur in den Hintergrund tritt. Allerdings bedarf diese Methode eines klaren, etablierten Prozessverständnisses. Die Anzahl der Prozesse (oberste Ebene der Prozesslandschaft) sollte kleiner als 20, möglichst aber nicht größer als 30 sein.

Tabelle 15: *Methodensteckbrief prozessorientierte Selbstbewertung*

Eine Fremdbewertung ersetzt die Selbstbewertung in einem Zyklus aus Bewertung und Projektarbeit. Eine Selbstbewertung zeitnah vor (oder nach) einer Fremdbewertung durchzuführen ist Ressourcenverschwendung.

Wenn es auch nicht sinnvoll ist, Fremd- und Selbstbewertung kurz nacheinander durchzuführen, so können sie gut miteinander kombiniert werden, indem interne und externe Assessoren gemeinsam analysieren. Bewährt hat sich, dass die externen Assessoren sich mittels Dokumentenrecherche, Beobachtung und Interview vor Ort ein eigenes Bild machen, um dann gemeinsam mit dem Leitungsteam die gemeinsame, abschließende Bewertung vorzunehmen.

Die EFQM selbst bietet Fremdbewertung im Rahmen des EFQM Excellence Award (EEA) und des Verfahrens EFQM Levels of Excellence (LoE) an. Im EEA ist allerdings eine Kombination aus Selbst- und Fremdbewertung nicht möglich.

Organisationsprofil

EFQM-Assessoren nutzen Organisationsprofile, um die wesentlichen Aspekte einer Organisation und ihres Umfeldes gut genug zu verstehen, um daraufhin im Rahmen einer EFQM-Selbstbewertung ihre Stärken und Schwächen zu identifizieren und Potenziale abzuleiten (Bild 13).

Assessoren recherchieren die folgenden Informationen und dokumentieren sie kurz und übersichtlich:

▶ Daten und Fakten (Mission, Eigentümer, Standorte, Umsatz etc.),
▶ Historie (Entwicklung, Erfolge, Meilensteine etc.),

Bild 13: *Die Organisation und ihr Umfeld*

▶ Herausforderungen, Strategie (Vision, strategische Ziele; SWOT-Analyse, Technologie, Wettbewerbsvorteil, Kernkompetenzen etc.),

▶ Märkte, Angebote, Kunden (aktuelle/zukünftige Angebote, Marktpotenzial, Wettbewerber etc.),

▶ Tätigkeiten, Partner, Lieferanten,

▶ Managementstruktur (Governance, Unternehmenssteuerung, Controlling, Regelbesprechungen etc.).

Assessoren setzen dieses Verfahren in der Regel bei Fremdbewertungen ein, also bei ihnen noch nicht oder kaum vertrauten Organisationen, dennoch ist die Vorgehensweise wertvoll, die eigene Organisation zu reflektieren. Besonders erkenntnisreich ist es, gemeinsam einmal die *Meilensteine* der Entwicklung der eigenen Organisation zu benennen oder die *Kernkompetenzen* prägnant zu beschreiben.

In größeren Organisationen gibt es zudem Standorte oder Organisationseinheiten, die den Organisationsentwicklern zunächst nicht näher bekannt sind. Auch dann hilft es, sich ein solches Organisationsprofil zu erarbeiten.

Ein vereinfachter Ansatz, den die EFQM unter dem Namen Organisationsmodell auch lange genutzt hat, ist der aus Six Sigma entlehnte SIPOC-Ansatz. Das steht für **S**upplier (Lieferant), **I**nput (benötigte Mittel), **P**rocess (Prozess), **O**utput (Prozessergebnis) und **C**ustomer (Kunden). Bild 14 zeigt, wie und unter welchen Leitfragen der Ansatz visualisiert wurde. Assessorenteams, die sich erstmalig mit ihrer zu analysierenden Organisation auseinandersetzen, tragen ihre recherchierten Erkenntnisse auf einer Metaplanwand (alternativ in eine Datei) ein und verschaffen sich so ein gemeinsames Bild über das Geschäftsmodell und das Umfeld der Organisation.

Dieser Ansatz hat sich auch für den Einsatz in der eigenen Organisation bewährt. Im Team aus Führungskräften durchgeführt zeigt er eindrucksvoll auf, dass es selbst zu derart

Bild 14: *„Organisationsmodell" der EFQM*

grundlegenden Fragen häufig kein einstimmiges Bild gibt und die gemeinsame Erarbeitung Teil des Konsensprozesses ist, der ein einheitliches Verständnis der eigenen Organisation vertieft.

5.1.4 Zusammenfassung der Erkenntnisse

Erkenntnisse einer Analyse, besonders einer Organisationsanalyse, müssen prägnant zusammengefasst werden. Dabei sind fast immer schriftliche und meistens zusätzlich mündliche Zusammenfassungen erforderlich.

Allgemeine Anforderungen

Es gibt folgende allgemeine Anforderungen an die Zusammenfassung, unabhängig davon, ob die Weitergabe der Analyseergebnisse schriftlich oder mündlich erfolgt:

▶ zielgruppenspezifisch in Sprache und Form,
▶ Trennung von Analyseergebnis (Feststellungen, Fakten), Bewertung (Bedeutung, Gewichtung, Priorität) und Schlussfolgerung (Konsequenzen, Einordnung in Gesamtzusammenhang, Handlungsbedarf).

Die Trennung von Analyseergebnis und Bewertung und Schlussfolgerung hat zwei Begründungen. Zum einen muss es Entscheidern grundsätzlich ermöglicht werden, eigene Bewertungen anzustellen und eigene Schlussfolgerungen zu ziehen. Zum anderen ist das Analyseergebnis nicht diskreditiert, wenn Entscheider andere Bewertungen und Schlussfolgerungen anstellen als die Analytiker.

Mündliche Zusammenfassung

Eine mündliche Zusammenfassung von Analyseergebnissen erfolgt geplant oder spontan. Auf beides gilt es, sich vorzubereiten. Das gilt ganz besonders für sich situativ ergebende, spontane Gelegenheiten. Für die geplante Berichterstattung erwartet jeder Zuhörer eine gute Vorbereitung. Entsteht aber ungeplant die Gelegenheit zum Gespräch mit einem Entscheider, dessen Kenntnis des Analyseergebnisses für die folgende Organisationsentwicklung wichtig ist, trägt ein überzeugender spontaner Vortrag erheblich dazu bei, ein Problembewusstsein zu erzeugen und Handlungen einleiten zu wollen. Zusätzlich unterstützt es die Wahrnehmung von Professionalität der Berichterstatter.

 Für einen möglichen spontanen Bericht fassen Sie das Analyseergebnis in einen Satz zusammen. Überlegen Sie sich eine passende kurze Einleitung, um Interesse zu wecken. Schließen Sie mit einem Vorschlag, wie der oder die Angesprochene jetzt mit der Info umgehen soll. Was erwarten Sie an weiteren Schritten? Führen Sie dieses Gespräch vorab mehrmals in Gedanken oder auch laut durch.
Erhalten Sie spontan mehr Zeit für Ihre Ausführungen, sollten Sie auch darauf vorbereitet sein, das Ergebnis ausführlicher darzulegen. Aber kommen Sie auf Ihre Punkte (erstens, zweitens, drittens … nicht zu viele Punkte). Überlegen und üben Sie auch hier vorher genau, was Sie wie sagen wollen.

Schriftliche Zusammenfassung

Schriftliche Zusammenfassungen von Analysen haben Bestand. Die Verfasser müssen daran denken, dass neben der ursprünglichen Zielgruppe der Bericht auch an weitere

Gruppen gehen kann und er noch Jahre nach seiner Erstellung eine aussagekräftige Arbeitsprobe darstellt. Dafür bietet sich die in Tabelle 16 dargestellte Gliederung an, Kürzungen und Änderungen sind natürlich möglich.

Ziel eines schriftlichen Berichtes ist, dass auf Basis der Analyse Verbesserungs- und Organisationsmaßnahmen und -projekte entwickelt werden. Also müssen ihn die Autoren so formulieren, dass er nicht durch seine Sprache Reaktanz und Ablehnung auslöst, wobei ja manchmal die aufgedeckten Erkenntnisse selbst schon starken Tobak darstellen.

Gliederung	Inhalt, Form
Titelblatt/Titelfolie	Überschrift, Autor(en) …
Management Summary (Kurzzusammenfassung)	Prägnante Zusammenfassung auf einer halben bis einer Seite/einer Folie, von zentraler Bedeutung, weil angeblich der einzige Teil, den einige Adressaten wirklich lesen
Ausgangssituation, Fragestellung	Wie kam es zur Analyse, wer hat den Auftrag gegeben? Was waren Ausgangsthesen und wie stellt sich die Ausgangssituation dar?
Vorgehensweise	Methodische Vorgehensweise und Begründung dafür, Abwägung möglicher Alternativen
Analyseergebnis	Sachliche Darstellung der Fakten
Bewertung, Interpretation, Schlussfolgerungen	Interpretationen, mögliche Ursachen und Erklärungen, Konsequenzen und Schlussfolgerungen
Nächste Schritte	Was soll jetzt mit den Erkenntnissen gemacht werden? Wer ist zusätzlich zu informieren, wer an der Lösung zu beteiligen?

Tabelle 16: *Gliederung schriftlicher Analysebericht*

Die Benennung von Verbesserungspotenzialen sollte ohne wertende oder verletzende Formulierungen erfolgen, positiv handlungsleitend sein und auf keinen Fall einzelne Verursacher hervorheben. Gehen Sie davon aus, dass die Empfänger diesbezüglich in der Lage sind, zwischen den Zeilen zu lesen. Mündliche Berichte können Ross und Reiter besser ansprechen – auch den Zuhörer selbst, weil sie im kleinen Kreis oder unter vier Augen möglich sind.

5.2 Konzeption

Zu Konzepten führen kreative Prozesse. Es gibt Kreativ- und Problemlösungstechniken, die hierbei zum Einsatz kommen können. Die gleichen Techniken setzen Organisationsentwickler ein. Im Pocket Power *Kreativitätstechniken* z. B. sind derartige Methoden und Techniken detailliert und praxisnah beschrieben. Hier soll darüber hinaus vorgestellt werden, welches Wissen Voraussetzung ist, um Konzepte für Organisationsentwicklung zu gestalten. Der heutige Wissenskanon des Qualitätsmanagers (Prozessmanagement, Prozessmodellierung, Anforderungsmanagement, Managementsystemgestaltung, Fehlermanagement) wird dabei bereits vorausgesetzt.

Dieser Abschnitt beschreibt auch eine besondere Methode zur Konzeption eines rollierenden Masterplans zur mittel- und langfristigen Organisationsentwicklung, den Excellence-Fahrplan.

5.2.1 Wissensfelder

Die Wissensfelder der Qualitätsmanager und Organisationsentwickler lassen sich entlang der fünf Befähigerkriterien des EFQM-Modells strukturieren. Dabei ist die Zuordnung nicht ganz trennscharf, denn viele Wissensfelder betreffen letztlich mehrere oder alle Kriterien des Modells.

Kriterium Führung

Führungstheorien und -modelle

Es gibt unterschiedliche Erklärungsansätze dafür, auf welchen Mechanismen Führung und das Geführtwerden basieren. Unterschiedliche Führungstheorien und -modelle beleuchten jeweils einzelne oder mehrere Aspekte von Führung besonders gut. Sie sind nicht richtig oder falsch bzw. nicht richtiger als andere, sie sind vielmehr unterschiedlich gut geeignet, bestimmte Phänomene zu beschreiben. Organisationsentwickler – und auch Führungskräfte – sollten sich ausführlich mit alternativen Führungstheorien auseinandersetzen und nach Übertragungsmöglichkeiten auf die eigene Organisation suchen. Der Nutzen dieser Theorien ist, dass sie gute Erklärungsmuster für beobachtbares Verhalten liefern und darüber hinaus die Konzeption von Lösungsansätzen unterstützen, indem sie einige Stellhebel für Veränderung adressieren. Im EFQM-Modell befasst sich dementsprechend auch ein ganzes Kriterium mit Führung.

Beispiele für moderne Führungstheorien sind (Winkler 2004):

▶ attributionstheoretische Führungsansätze,
▶ Idiosynkrasiekreditmodell der Führung,
▶ Theorie der Führungsdyaden,
▶ symbolische Führung,
▶ neocharismatische Führung,
▶ Mikropolitik als führungstheoretischer Ansatz,

- ▶ kooperative Führung,
- ▶ psychodynamischer Führungsansatz,
- ▶ Rollentheorie der Führung,
- ▶ soziale Lerntheorie der Führung.

Entwicklung der Aufbauorganisation

Organisationsentwicklung hinsichtlich der Struktur (s. Organisationsentwicklungsraum) erfordert ein Grundlagenwissen über:

- ▶ Rechtsformen von Organisationen,
- ▶ rechtliche und standardbasierte Grundlagen (je nach Standort und Wirkungsfeld national, europäisch, international), z. B.
  - – Arbeitsrecht (inklusive Aspekte der Nutzung von Zeitarbeit, Arbeitnehmerüberlassung),
  - – Betriebsverfassungsgesetz,
  - – Gesellschaftsrecht,
  - – Vertragsrecht,
  - – Gesetze zu Arbeitssicherheit, Gesundheitsschutz,
- ▶ funktionierende Führungsspannen,
- ▶ alternative Formen der Aufbauorganisation,
- ▶ Zusammenarbeit mit sowie Rechte und Pflichten der gewählten Mitarbeitervertretungen.

Veränderungsmanagement/Change Management

Organisationsentwicklung und modernes Qualitätsmanagement stehen im Zentrum der Veränderungsprozesse von Organisationen. Sie initiieren und steuern wesentliche Prozesse.

Integration von Teilsystemen

Organisationswelten sind heute zu komplex, um effizient mehrere Managementsysteme parallel zu betreiben. Sachlich spricht vieles dafür, integrierte Managementsysteme (IMS) zu betreiben. Weil die Übertragung der Verantwortung an eine zentrale Stelle, z.B. an den Qualitätsmanager, unter anderem aber für mehrere andere den Verlust von Einfluss und Macht bedeutet, sind viele Organisationen nicht weit mit ihrer Integration gekommen. Managementsystemgestaltung ist eine klassische Zuständigkeit der Qualitätsmanager, zudem eine, die schon eine Teil- oder Vorstufe der Organisationsentwicklung darstellt. Das Qualitätsmanagementsystem ist in vielen Organisationen das am besten etablierte Managementsystem. Es liegt also – wiederum rein sachlich betrachtet – nahe, es zum Leitsystem für ein integriertes Management zu machen. Qualitätsmanager und Organisationsentwickler im Aufbau oder als Betreiber eines IMS müssen dann aber ein profundes Wissen über die anderen Systemthemen einsetzen können:

▶ Risikomanagement,
▶ Compliance,
▶ Umweltmanagement,
▶ Arbeitssicherheit und Gesundheitsschutz,
▶ Energiemanagement,
▶ Informationssicherheitsmanagement.

Kriterium Strategie

Strategieprozess und Strategie

Qualitätsmanager, die als Organisationsentwickler wirken, werden mehr Möglichkeiten und Einfluss bei der Entwicklung des Strategieprozesses und der Strategie selbst erhalten als ihre eher im Ordnungsdienst verorteten Kollegen. Daher ist es wichtig, typische Abläufe und Methoden der Strategiearbeit zu kennen. Strategiearbeit ist kreative Arbeit. Deshalb dürfen Strategieprozesse zwar eine klare Strukturierung und Abfolge von Schritten hin zu einer Strategie vorgeben, allerdings müssen angemessene Freiheitsgrade gegeben sein. Bewährte Methoden des Strategieprozesses sind z. B.:

▶ SWOT-Analyse (die Reflexion der Stärken [**S**trengths], Schwächen [**W**eaknesses], Chancen [**O**pportunities] und Risiken bzw. Bedrohungen [**T**hreats]).

▶ Balanced Scorecard (die BSC ist mehr als ein Kennzahlensystem bzw. ein System strategischer Treiberkennzahlen).

▶ Szenariotechniken
  – Szenariokreuz: Zwei Variablen, deren Entwicklung nicht vorhersagbar ist, spannen dabei ein Kreuz auf, das vier Felder einteilt, in denen unterschiedliche zukünftige Szenarien beschrieben werden können (Beispiel s. Bild 3: Unterschiedliche Rollenkonzepte des Qualitätsmanagements).
  – Best Case, Middle Case, Worst Case Scenario: Eine erwartete Entwicklung wird unter besten, mittleren und schlechtesten Voraussetzungen betrachtet und ausformuliert.

Eine Organisationsstrategie benötigt zunächst ein oder mehrere strategische Ziele, doch diese Ziele oder auch die Vision der Organisation stellen nicht die Strategie selbst dar. Die Strategie ist der spezifische Weg, ein strategisches Ziel zu erreichen. Beispiele für alternative strategische Ansätze sind:

- ▶ Preisführer – Qualitätsführer,
- ▶ Innovationsführer – Innovationsfolger (early adopter, late adopter),
- ▶ Besetzen einer Nische – Diversifizierung,
- ▶ organisches Wachstum – Wachstum durch Akquisitionen – kein Wachstum oder Schrumpfung,
- ▶ Internationalisierung – Regionalisierung.

 Es gibt viele Organisationen, die ihren mittel- und langfristigen strategischen Weg nicht klar benennen können, weil sie in ihrer Situation darauf angewiesen sind, Opportunitäten zu erkennen und zu nutzen, die unvorhersehbar sind. Deren Strategieprozess darf nicht einengend sein, sondern muss die notwendige Schnelligkeit und Flexibilität ermöglichen. Und diese Strategie des flexiblen Nutzens von Opportunitäten darf nicht mit Strategielosigkeit verwechselt werden.

Kriterium Mitarbeiterinnen und Mitarbeiter

Psychologie und Soziologie

Die Psychologie erklärt das Erleben und Verhalten von Menschen. Die Soziologie erklärt das Verhalten von Gruppen und Gesellschaften und das Verhalten von Menschen in sozialen Kontexten. Die beschriebenen Führungstheorien greifen massiv auf das Wissen aus Psychologie und Soziologie zurück. Für den Organisationsentwickler ohne psychologische oder soziologische Ausbildung ist es wichtig, sich mit grundlegenden Erklärungsmustern dieser Disziplinen zu befassen. Allerdings muss jeder Einzelne dabei auch erkennen, wo die Grenzen der eigenen Kompetenz sind. Sie werden regelmäßig dann überschritten, wenn wir als Laien versuchen, das Verhalten einzelner Menschen aus einer psychologischen oder gar therapeutischen Warte zu analysieren.

Hilfreich dagegen ist, sich mit der Arbeitsweise von psychologisch geschulten Coachs auseinanderzusetzen, vor allem, um zu entscheiden, wann und wo deren Einsatz nützlich oder sogar geboten ist. Organisationsentwickler können z.B. Krisen in Teams oder zwischen Führungskräften, selbst dann, wenn sie das Methodenwissen dazu haben, häufig nicht selbst lösen, weil das eine spätere unbefangene Zusammenarbeit unmöglich macht. Eine massive Intervention, wie z.B. ein Team-Clearing-Prozess, sollte dann von externen Profis durchgeführt werden.

Ein zentraler Aspekt in Organisationen ist es, die Motive für das Handeln und Nichthandeln von Führungskräften zu verstehen. Es gibt offen ausgesprochene Motive, aber auch unausgesprochene. In einigen Fällen ist ein Widerspruch zwischen öffentlich propagierten Zielen und dem Führungshandeln, vor allem dem Setzen von Prioritäten erlebbar. Das deutet auf verdeckte Motive hin. Diese müssen nicht unlauter sein, es ist daher wichtig, der Organisation und der einzelnen Führungskraft dabei zu helfen, die handlungsleitenden Motive benennen zu können.

Lernen und Didaktik

Die *lernende Organisation* ist seit Langem ein zentraler Begriff. Qualitätsmanagement und Organisationsentwicklung sind ohne intensive Lernprozesse nicht denkbar. Organisationsentwickler müssen das Lernverhalten von Einzelnen und des Teams verstehen, gezielt Lernimpulse setzen und Erlerntes absichern helfen. Ein großes Problem ist es, dass Qualitätsmanager und Organisationsentwickler im Anstreben perfekter Lösungen die Lerngeschwindigkeit auf dem Weg dahin überschätzen oder zu große Schritte planen. Mitarbeiter müssen in Entwicklungs- und Veränderungsprozessen Erfahrungen selbst machen, damit ein Verinnerlichen stattfindet. Deswegen ist Beteiligung an der Lösungsfindung und -konzeption nicht nur ein Gebot der Partizipation in einer modernen Gesellschaft, sondern auch des angemessenen Lernens. Die Lerngeschwindigkeit für andere angemessen zu gestalten ist auch deshalb so schwierig, weil die Organisationsentwickler sehr schnelle Lerner sein müssen, die sich immer wieder in neue Themen einarbeiten. Das geht oft einher mit einer Ungeduld über die vergleichsweise langsame Geschwindigkeit, mit der andere nachkommen.

Da Organisationsentwickler immer wieder in die Notwendigkeit kommen, Wissen zu vermitteln, Trainingsveranstaltungen zu konzipieren und selbst zu leiten sowie interne und externe Kollegen bei dieser Aufgabe zu begleiten, benötigen sie ein profundes Wissen über Didaktik und Erwachsenenbildung.

Kompetenz und Kompetenzentwicklung

Verwandt mit den Themen Lernen und Didaktik sind Kompetenz und Kompetenzentwicklung. Kompetenz bedeutet die Gesamtheit von Fähigkeiten, Fertigkeiten und Wissen eines Menschen, unabhängig, ob sie durch Qualifizierungsprozesse im Kontext der Schul- und Berufsaus- oder -weiterbildung oder anders entstanden sind. Hier lässt sich eine Brücke schlagen zu den Kompetenzen des Unternehmens. Führungskräfte müssen die zur Strategieumsetzung und zur Erfüllung der Mission erforderlichen Schlüsselkompetenzen ihrer Organisation klar benennen können. Der Bedarf an Mitarbeiterkompetenzen lässt sich dann direkt daraus ableiten. Dabei entsteht ein differenzierteres Kompetenzbild als für die Organisation, weil es in den unterschiedlichen Führungs-, Kern- und unterstützenden Prozessen meistens so unterschiedliche Aufgaben, Rollen und damit Kompetenzanforderungen gibt. Organisationsentwickler sollten in der Lage sein, Soll-Kompetenzprofile zu entwickeln und Messinstrumente zur Ist-Kompetenzmessung einzusetzen bzw. die Personalentwickler darin zu unterstützen und zu beraten.

Kommunikation

Führungskräfte und Organisationsentwickler kommunizieren permanent. Jede Geste, jeder neue Begriff und alles nicht Gesagte können für die Mitarbeiter eine riesige Bedeutung bekommen. Da Organisationsentwicklung häufig mit Veränderung verbunden ist, sind die auch ständig mit kommunikationssensiblen Themen befasst. Das spricht für eine sehr reflektierte, handwerklich und inhaltlich gut gestaltete Kommunikation.

Kriterium Partnerschaften und Ressourcen

Innovationsmanagement

Einige Organisationen formulieren strategische Ziele für ihre Innovationsintensität und -leistung. Relevant ist die dazu führende Innovationsfähigkeit für alle Organisationen. Deshalb benötigen Organisationsentwickler Grundkenntnisse darüber, wie eine Innovationskultur und ein Innovationsprozess ausgestaltet werden können. Dabei ist zu berücksichtigen, dass es oft nicht Produkt- und auch nicht Prozessinnovationen sind, die Organisationen zu Durchbrüchen in ihrer Entwicklung verhelfen, sondern Geschäftsmodellinnovationen.

Wissensmanagement

Wissensmanagement hat zwei wesentliche Komponenten, eine technische und eine menschliche. Zur technischen Komponente gehören Datenbanken, Wiki-Systeme, Strukturierungen und Taxonomien von Wissen. Zur menschlichen Komponente gehören der Austausch von und über Wissen, die Identifikation von Wissensträgern und die Organisation von Lernprozessen zwischen langjährigen, erfahrenen Mitarbeitern und ihren Nachfolgern.

 Wir befassen uns zu oft einseitig mit den technischen Aspekten des Wissensmanagements und vernachlässigen die menschliche Komponente. Die ist aber entscheidend für die Wirksamkeit von Wissensmanagementsystemen in der Organisation.

Prozesse, Produkte, Dienstleistungen

Prozessdesign, Prozessentwicklung

Ein profundes Wissen über Methoden zur Aufnahme, Beschreibung, Entwicklung und Weiterentwicklung von Prozessen ist bereits für heutige Qualitätsmanager unverzichtbar und wird es auch für Organisationsentwickler sein.

Fundamental ist auch die Kompetenz, alle Abläufe der Organisation in einer einfachen Prozesslandschaft einzuordnen, diese zu beschreiben und darauf gestützt die prozessorientierte Organisation zu formen bzw. diese Entwicklung zu moderieren. Dabei ist zu beachten, dass auch nach Jahren der Propagierung von und der Arbeit an prozessorientierten Organisationen es selten gelungen ist, die Ablauforganisation (Prozessstruktur) zum Ausgangspunkt für die neue Aufbauorganisation zu machen. Vielerorts sind mangels Konsequenz im Nutzen der unterstellten Vorteile der stringenten Prozessorientierung weiterhin parallele Strukturen vorhanden.

Produkte und Dienstleistungen

Wie nah muss ein Qualitätsmanager oder Organisationsentwickler am Produkt oder an der Dienstleistung der Organisation sein? In den letzten Jahrzehnten wurden Qualitätsmanager überwiegend aus dem Kreis der Mitarbeiter rekrutiert, die auch für Aufgaben in der Entwicklung oder Produktion bzw. Dienstleistungserbringung geeignet waren. Sie waren und sind demnach Ingenieure, Bankbetriebswirte, Ärzte, jeweils mit großem Wissen über die Produkte und Dienstleistungen. Das hat auch den Vorteil großer Akzeptanz bei maßgeblichen Berufsgruppen in der Organisation. Allerdings birgt es auch die Gefahr, zu tief in Details einzusteigen und nicht den für die Organisationsentwicklung notwendigen Überblick zu behalten.

Heutige und zukünftige Qualitätsmanager und Organisationsentwickler benötigen genug Produktkenntnis, um Akzeptanz zu finden, müssen aber nicht notwendigerweise Produktentwicklungs- und Produktionsexperten sein. Es gelingt ja auch Controllern und Personalern, nach einiger Zeit in einer Branche und in einem Unternehmen, sich ein angemessenes Wissen diesbezüglich anzueignen und für ihre Aufgaben nützlich einzusetzen.

Die beschriebenen Wissensfelder zeigen das breite Themenspektrum auf, mit dem sich Organisationsentwickler befassen müssen. Nun folgt die Vorstellung einer Methode, die gut für die Konzeption von Organisationsentwicklung geeignet ist.

5.2.2 Der rollierende Excellence-Fahrplan

Eine zentrale Methode der Konzeption im Rahmen der Organisationsentwicklung ist der Excellence-Fahrplan. Er stellt sozusagen ihren übergeordneten Masterplan dar. Er kann direkt im Anschluss an die zentrale Methode der Analyse, die Selbstbewertung, erarbeitet werden.

Die Selbstbewertung liefert eine Liste der Verbesserungspotenziale, die Grundlage für spätere Organisationsentwicklungsprojekte ist. Je nach Anzahl der Verbesserungspotenziale ist nun deren Gruppierung (Clustern) hilfreich. Eine ganzheitliche Selbstbewertung identifiziert – je nach Methode – eine Zahl von ca. 30 bis 50 Verbesserungspotenzialen. Daraus lassen sich ca. acht bis zwölf Themengruppen (Cluster) bilden. Diese sollten dann auch die wirklich großen Organisationsentwicklungsthemen benennen, keine kleinen oder Detailaspekte. Kleine Themen können als Einzelmaßnahmen deklariert und direkt angegangen werden.

Den Verbesserungspotenzialen sind nun Projekte zuzuordnen. Dabei kann ein Projekt mehrere Potenziale angehen, aber auch umgekehrt mehrere Projekte ein einzelnes Potenzial. In anderen Fällen betrifft ein Projekt genau ein Potenzial. Die Projekte werden dabei zunächst nur sehr grob skizziert und müssen später konkretisiert und detailliert geplant werden.

Ob nun schon die Cluster oder erst die ihnen zugeordneten Projekte priorisiert werden, ist nicht entscheidend. Eine Priorisierung ist allerdings wertschöpfend, weil sie die aus der Analyse gewonnenen Erkenntnisse, die sich in den Clustern mit ihren Einzelthemen manifestieren, weiteren nützlichen Informationen, nämlich Bedeutung und Dringlichkeit, zuordnet. Besonders wertvoll ist der Konsens über diese Prioritäten unter den beteiligten Führungskräften.

Einfache Verfahren der Priorisierung sind meistens vertraut, z. B. das Kleben von Punkten für die einzelnen Verbesserungspotenziale oder gleich für die gebildeten Gruppen. Systematischere Verfahren nutzen ein oder mehrere Bewertungskriterien und ihnen zugeordnete Bewertungsskalen, wie z. B. Machbarkeit, zu erwartende Wirkung, Dringlichkeit. Die Priorisierung erfolgt entweder zum Ende des Selbstbewertungsworkshops oder als eigens angesetzter Priorisierungsworkshop.

 Bei der Priorisierung von Verbesserungspotenzialen oder Projekten hat es sich bewährt, zu bewerten, welcher Effekt für die Erreichung der Unternehmensziele entsteht, wenn das Potenzial gehoben bzw. das Projekt umgesetzt wird. So kommen Themen nach oben, die besonders stark auf die Zielerreichung einzahlen.

Als Ergebnis derartiger Priorisierungsschritte entsteht eine Liste der Verbesserungspotenziale oder eine Liste der Projekte, nach ihren Prioritäten in eine Rang- und Reihenfolge gebracht. Diese lineare Betrachtung greift aber für die Organisationsentwicklung zu kurz. Denn meistens sind die Potenziale oder Projekt so eng miteinander verwoben, dass Interdependenzen bestehen.

Hier setzt die Idee des Excellence-Fahrplans an. Er berücksichtigt genau diese Beziehungen zwischen den Projekten. Am anschaulichsten lässt sich der Excellence-Fahrplan an einer Pinnwand entwickeln. Jedes Projekt (respektive Cluster der Verbesserungspotenziale) erhält eine Karte. Die Workshopteilnehmer überlegen nun, wie die Projekte inhaltlich aufeinander aufbauen können, pinnen die Karten entsprechend an und verbinden sie mit Pfeilen. Dabei können die folgenden Leitfragen helfen:

- ▶ Welche Projekte schaffen Voraussetzungen oder erleichtern die Durchführung von Folgeprojekten?
- ▶ Welche Projekte können wir parallel bearbeiten?
- ▶ Wie groß ist unsere Organisationsentwicklungsprojektressource zu unterschiedlichen zeitlichen Phasen?
- ▶ Wie viele Projekte schaffen wir dann, jeweils zeitgleich zu bearbeiten?
- ▶ Welches sind wichtige Meilensteine?
- ▶ Welches sind die Projekte ergänzenden Maßnahmen?

Auf diese Weise werden die Organisationsentwicklungsprojekte für die nächsten drei Jahre angeordnet. Bild 15 zeigt eine Prinzipskizze eines Excellence-Fahrplans.

Ein solcher Excellence-Fahrplan sollte in mehrfacher Hinsicht nicht starr sein. Zum einen muss es möglich sein, zur

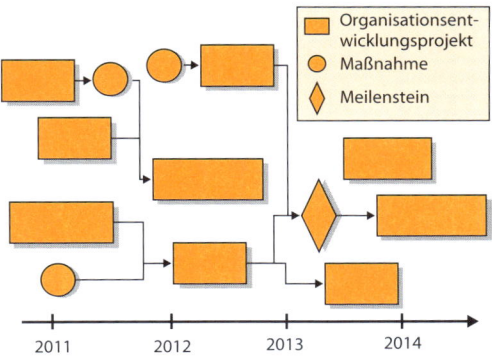

Bild 15: *Schema eines Excellence-Fahrplans*

Zeit seiner Erstellung noch nicht bekannte, später notwendig werdende Maßnahmen und Projekte zu ergänzen oder andere notwendige Aktualisierungen vorzunehmen. Die Schwelle für Änderungen sollte allerdings hoch sein und ihre Aufnahme in den Fahrplan durch die Organisationsleitung freigegeben werden. Zum Zweiten ist es sinnvoll, in regelmäßigen Abständen die dem Excellence-Fahrplan zugrunde liegende Analyse zu erneuern bzw. zu aktualisieren. Das kann in einem grundsätzlich beliebigen Rhythmus erfolgen. Bewährt hat sich ein Jahresrhythmus. Kürzere Zeiträume sind für die meisten Organisationen nicht sinnvoll, und wenn so etwas nicht einmal pro Jahr stattfindet, entsteht keine Routine in der Anwendung der Methode. Behält man die Dreijahresperspektive bei, entsteht durch die jährlichen Aktualisierungen ein rollierender Excellence-Fahrplan. In einem solchen Plan sind die Projekte für das kommende Jahr festgesetzt, die für das nächste Jahr folgen mit großer Wahrscheinlichkeit. Für das übernächste Jahr sind dann mögliche Themen und Projekte schon erkennbar. Auf diese Weise kann eine Leitung den Gesellschaftern, aber auch den Mitarbeitern aufzeigen, dass sie eine klare Vorstellung von der kommenden Organisationsentwicklung hat.

Berücksichtigung der Organisationshistorie

Für alles, was bisher in der Organisation entstanden ist, gibt es Gründe und Motive. Es ist für Organisationsentwickler in erster Näherung angemessen, davon auszugehen, dass bisher Entstandenes einmal eine Berechtigung hatte. Es ist hingegen nicht hilfreich, im Nachhinein anzunehmen und gar damit zu argumentieren, dass die Gründe falsch und die Motive unlauter waren. Das ruft über das normale Maß hinaus Widerstand hervor. Vielmehr muss ein Organisations-entwickler immer aus aktueller Sicht aufzeigen können, warum etablierte Lösungen nicht mehr ausreichen und was aktuelle Gründe und Motive für alternative Lösungen sind. Andererseits hilft die Kenntnis der Historie Organisations-entwicklern dabei, organisationsindividuelle, d. h. auch zur bisherigen Entwicklung passende Lösungen zu gestalten. Dennoch darf und muss es Zäsuren geben können. Sie sollten aber eine wohlgesetzte Ausnahme, nicht die Regel sein.

5.3 Umsetzung

Das bewährte Format zur Umsetzung der Organisations-entwicklung ist das Projekt, was das Projektmanagement zu ihrer zentralen Methode macht. In Organisationen gibt es typischerweise zwei maßgebliche Arten von Projekten:

▶ *Produktentwicklungsprojekte* und
▶ *Organisationsentwicklungsprojekte.*

Die Reifegradunterschiede zwischen beiden Projektarten sind in vielen Organisationen auffällig, wie die Tabelle 17 plakativ aufzeigt.

Selbst produktentwicklungs-/projekterfahrene Organisationen leben und dulden einen gewissen Grad von Anarchie, wenn es um ihre Organisationsentwicklungsprojekte geht.

Organisationsentwicklungsprojekte lassen sich dann feiner unterteilen in

▶ *Veränderungsprojekte (Change-Projekte)* **und**
▶ *Projekte und Maßnahmen zur Verstetigung.*

Produktentwicklungsprojekt	Organisations-entwicklungsprojekt
klare Ziele und Fristen	unscharfe Ziele
vom Kunden geprägte oder darauf ausgerichtete standardisierte Vorgehensweise	nicht oder rudimentär standardisierte Vorgehensweise
klare Verantwortlichkeit (pro Projekt und für Projektportfolio)	unklare, wechselnde Verantwortlichkeit (insbesondere Projektportfolio)
Verknüpfung zwischen den Projekten	Singularität der Projekte
institutionalisiertes projektübergreifendes Lernen	wenig systematisches projektübergreifendes Lernen

Tabelle 17: *Unterschiede der Projektarten*

Die Grenze, ab der ein Projekt ein Projekt ist und ab der die organisationsspezifischen Regeln des Projektmanagements angewendet werden, sollte möglichst klar definiert werden. Dazu geeignet sind z.B. Aussagen zum Ressourceneinsatz, zur Dauer, zur Interdisziplinarität und zur Bedeutung. Unterhalb einer *Bagatellschwelle* sollte es Möglichkeiten zu einer vergleichsweise hemdsärmeligen Bearbeitung kleiner Projekte und von Maßnahmen geben. Auch der Unterschied zwischen kleinem Projekt und Maßnahme sollte definiert sein.

Neben dem Projektmanagement liefert auch die Vorgehensweise von Beratern oder auch der Beratungsprozess wichtige Impulse für den Schritt Umsetzung der Organisationsentwicklung. Doch zunächst erfolgt ein Eingehen auf das OE-Projektmanagement.

5.3.1 OE-Projektmanagement

Im Kontext der Organisationsentwicklung gibt es einige Besonderheiten des Projektmanagements, auf die hier einzugehen ist. Für die Grundlagen des Projektmanagements sei allerdings auf die entsprechende Literatur verwiesen (z.B. Pocket Power *Projektmanagement*).

Veränderungsprojekte

Organisationsentwicklung bedeutet, möglichst lange Phasen der Stabilität in der Organisation zu erzeugen und in möglichst kurzen Phasen der Veränderung die Organisation auf neue Reifegradniveaus zu heben. Denn es bedarf eines stabilen Systems, damit Organisationen funktionieren und hocheffizient sein können. Die Phasen der Umsetzung der Organisationsentwicklungsprojekte, die häufig Veränderungsprojekte sind, sind geprägt durch Instabilität, die Häufung von Fehlern und einen Einbruch der Prozessleistung. Das Tagesgeschäft leidet also zugunsten der Schaffung neuer systemischer Strukturen. Für organisationsweite Veränderungsprojekte gilt also, dass sie sich nicht nahtlos aneinanderreihen dürfen. Und für jede Organisationseinheit, die ja von den organisationsweiten, zentralen Projekten auch betroffen sind, ist zusätzlich darauf zu achten, dass zwischenzeitlich die sie betreffenden dezentralen Projekte nicht zu dicht gesetzt werden. So kann also eine größere Organisation kontinuierlich an einem Mix aus zentralen und dezentralen Veränderungsprojekten arbeiten, solange jede einzelne Organisationseinheit angemessene Phasen der Stabilität erhält. Diese Überlegungen sind nicht erst für den Schritt der Umsetzung relevant, sie müssen bereits in der Konzeption der Organisationsentwicklung zum Tragen kommen.

Projekte und Maßnahmen zur Verstetigung

Eine weitere Kategorie von Organisationsentwicklungsprojekten sind ausdrücklich keine Veränderungsprojekte. Sie sind Projekte und darüber hinaus, etwas kleiner dimensioniert, auch Maßnahmen zur Verstetigung. Sie können Folgeaktivitäten oder flankierende Aktivitäten zu den Veränderungsprojekten der Organisationsentwicklung sein.

Beispiele für solche Projekte und Maßnahmen sind:

▶ fortlaufende Trainingsprogramme,
▶ Personal- und Führungskräfteentwicklungsmaßnahmen,
▶ Teambildungsmaßnahmen,
▶ Kundenfokusgruppen,
▶ der Einsatz von Messinstrumenten wie Mitarbeiter- oder Kundenbefragung,
▶ Rekrutierungsinitiativen,
▶ eine Qualitätsoffensive.

 Eine zentrale Maßnahmenliste erleichtert den Überblick und ist Voraussetzung für einen hohen Umsetzungsgrad.

Umgang mit Widerstand

Eine Form von Widerstand ist der gegen die Organisationsentwickler und deren mit der Leitung angestimmte Veränderungsprojekte und -initiativen. Eine andere Form ist der Widerstand der Organisationsentwickler gegen von anderen Führungskräften angestrebte oder initiierte Veränderungen.

Widerstand gegen die Organisationsentwickler

Veränderungsprojekte lösen nahezu immer Widerstände aus. Widerstand ist zunächst einmal normal und legitim. Es gibt immer Führungskräfte und Mitarbeiter,

▶ die wirklich von Veränderung profitieren,
▶ die glauben, von Veränderung zu profitieren, obwohl es nicht so ist,
▶ die wirklich durch Veränderung Nachteile erleiden,
▶ die glauben, durch Veränderung Nachteile zu erleiden, obwohl es nicht so ist.

Für die Organisation und die Zielerreichung der Organisation sollten die Vorteile einer Veränderung deren Nachteile überwiegen, indem z.B. ihr Reifegrad steigt und sich damit langfristig und nachhaltig positiv für die meisten Interessengruppen und für die meisten Individuen in den einzelnen Interessengruppen auswirkt.

 Widerstand gegen Veränderungen ist normal, das Ausbleiben von Widerstand sollte eher stutzig machen. Versuchen Sie nicht, Widerstand zu ignorieren oder gar zu brechen. Nehmen Sie die Ursachen für Widerstand und Motive der Projektgegner ernst. Setzen Sie sich inhaltlich damit auseinander und gehen Sie in eine offene Diskussion mit den Projektgegnern. Schaffen Sie Entspannung durch Kompromisse und Änderungen der Konzepte.

Widerstand durch die Organisationsentwickler

Bei den Organisationsentwicklern liegt – mit zunehmender Erfahrung – eine große Kompetenz für Veränderungsprojekte und -prozesse. Sie sind keine kritiklosen Erfüllungsgehilfen der Leitung – aber sie sind ihre internen Berater und Unterstützer, die Mitglieder der Leitung sind unumstritten die Entscheider. Nun kann ein Leitungsgremium sich gegen den Rat der Organisationsentwickler für eine Entwicklungsrichtung und für eine konkrete Vorgehensweise bei der Veränderung entscheiden.

Nun schlägt für die Organisationsentwickler die Stunde der Wahrheit. Sollen sie die Leitung auch hier unterstützen oder verweigern sie ihre Mitwirkung – mit allen notwendigen Konsequenzen, die das haben muss? Es kann keinen festen Algorithmus zur Beantwortung dieser Gewissensfrage geben. Doch die Organisationsentwickler müssen bedenken, dass sie so oder so mit Konsequenzen zu rechnen haben.

Im besten Fall führt eine Ablehnung der Mitwirkung dazu, dass die Leitung die Brisanz der Situation neu bewertet und in einen neuen, ergebnisoffenen Diskurs geht. Dieser muss dann aber auch für die Organisationsentwickler ergebnisoffen sein und einen Kompromiss ermöglichen.

Im Extremfall macht die Ablehnung der Mitwirkung auch für die Leitung eine weitere Zusammenarbeit unmöglich. Die Organisationsentwickler müssen das Unternehmen oder die Funktion wechseln.

Eine gegen die innerste Überzeugung dennoch geleistete Unterstützung führt dann in die Lähmung, wenn das Projekt wie vorhergesagt scheitert oder überwiegend negative Effekte erzielt. Sie beschädigt das Vertrauen der Mitarbeiter. Von nun an ist eine friktionsarme Organisationsentwicklung in dieser Personenkonstellation schwierig möglich. Wenn das Projekt sogar gelingt, leidet dennoch die Glaubwürdigkeit der vorherigen Warner, selbst wenn das Gelingen ihrer Virtuosität und unvorhersehbar günstigen Umständen geschuldet ist.

Anders liegt der Fall, wenn es gilt, gegen einzelne Führungskräfte vorzugehen, die unabgestimmt Veränderungsprojekte starten, welche geplante Entwicklungen konterkarieren. Hier ist Widerstand geboten und unter Einschaltung der Leitung die ursprüngliche Organisationsentwicklungsplanung durchzusetzen. Allerdings sollte insofern vorausschauend mit der Situation umgegangen werden, dass die betreffenden Führungskräfte nicht unnötig diskreditiert werden.

Steuerung von OE-Projekten

Organisationsentwicklung bedeutet, ein ganzes *Projektportfolio* zu managen bzw. die Leitung in dessen Management zu unterstützen. Es hat sich im Projektmanagement bewährt, ein *Steuerkreis* oder *Lenkungskreis* genanntes Gremium zu bilden, dessen Mitglieder einzelne Projekte begleiten. Für die Organisationsentwicklung ist eine kontinuierliche Lenkungsarbeit über alle Organisationsentwicklungsprojekte hinweg wünschenswert.

Dem OE-Projektlenkungskreis können angehören:

▶ ein oder mehrere Mitglieder der Geschäftsleitung,
▶ Qualitätsmanager/Organisationsentwickler,
▶ Personalentwickler,
▶ Mitglied der Mitarbeitervertretung,
▶ aktive Projektleiter (temporär).

Die Beteiligung eines Mitglieds der Mitarbeitervertretung ist empfehlenswert, weil Organisationsentwicklung auf breit angelegte Kooperation angewiesen ist. Sie demonstriert die Transparenz und Partizipation, die die Leitung zu gewähren bereit ist. Zudem erhält der Lenkungskreis wichtige Rückmeldungen und Impulse.

Ein OE-Projektlenkungskreis tagt meist monatlich oder quartalsweise sowie je nach Projektsituation nach Bedarf. Er definiert und ändert Projektaufträge, klärt Ressourcen für die Projektleiter und bewertet den Projektfortschritt. Vor allem aber schaut er auf das Zusammenspiel der unterschiedlichen gleichzeitig und nacheinander durchzuführenden Projekte. Er sollte auch die von externen Beratern durchgeführten Projekte betrachten.

5.3.2 Interne Beratung

Die treffendste Charakterisierung für die Funktion der Organisationsentwickler ist interne Beratung.

Das Projekt ist das grundlegende Format der Organisationsentwicklung. Die interne Beratung ist ihr grundlegender Arbeitsmodus. Der Arbeitsmodus der Tagesroutine oder der „Sachbearbeitung", der vielfach auch den Arbeitsalltag klassischer Qualitätsmanager und Spezialisten bestimmt, ist in der durch Veränderungsprojekte geprägten Organisationsentwicklung und im ganzheitlichen Qualitätsmanagement nicht geeignet und deshalb anteilig nur marginal vertreten.

Es gibt eine zweite Begründung dafür, warum interne Beratung der grundlegende Arbeitsmodus der Organisationsentwicklung ist. In der Organisationsentwicklung gibt es zwei Arten von Organisationsentwicklern. Die einen sind die leitenden Führungskräfte, diejenigen, die Organisationsentwicklung – und auch das ganzheitliche Qualitätsmanagement – persönlich als Entscheider verantworten müssen. Dann gibt es die Dienstleister der Organisationsentwicklung, die die Führungskräfte durch ihre Analyse, konzeptionelle Arbeit und Umsetzungsbegleitung unterstützen. Diese Bedeutung der Bezeichnung Organisationsentwickler liegt auch diesem ganzen Band zugrunde. Im Unterschied zur Funktion Entscheider haben diese Organisationsentwickler aber die Funktion Berater.

Darüber hinaus gibt es zwischen Beratung und Organisationsentwicklung eine fundamentale Verwandtschaft. Beide erfordern die Schritte Analyse, Konzeption und Umsetzung.

Was charakterisiert Beratung?
- Beratung ist eine Dienstleistung für einen Auftraggeber (Klientenbeziehung).
- Sie ist geprägt durch das Expertentum des Beraters, der entweder Experte für ein Thema ist oder Experte für den Beratungsprozess selbst.
- Der Beratungsprozess ist geprägt durch die Schritte Analyse, Konzeption und Umsetzung – so wie der Organisationsentwicklungsprozess auch.

Die Klientenbeziehung

Die Beziehung zwischen Berater und Klient ist intensiv und erfordert Vertrauen. Sie ist im Idealfall eine bilaterale Beziehung zwischen genau zwei Personen. In der Praxis kann eine Gruppe als Auftraggeber des Beraters fungieren, was aber zu Zielkonflikten führen kann. Der interne Berater hat realistischerweise für seine unterschiedlichen Projekte im Laufe der Zeit wechselnde Klienten. Idealerweise gibt es aber – auch und gerade während der Projektarbeit für andere Klienten – eine dauerhafte Klientenbeziehung zum obersten Entscheider der Organisation.

Die Klientenbeziehung des internen Beraters/Organisationsentwicklers zu Leitungsmitgliedern und Führungskräften verändert auch seine Beziehung zu den Mitarbeitern, zu denen durchgängig keine Klientenbeziehung besteht. Viele Qualitätsmanager legen Wert auf eine kollegiale und nahe Beziehung zu den Mitarbeitern der Organisation. Dadurch erfahren sie vertrauliche Details und erhalten Informationen über Verbesserungspotenziale, die andere Führungskräfte so nicht erfahren. Nichts spricht gegen eine gute und kollegiale Beziehung des Organisationsentwicklers zu den Mitarbeitern, aber ein gleiches Maß an Nähe ist hier nicht angemessen, weil es zu Loyalitätskonflikten führt.

Arbeitsweise der internen Beratung

Die Beratung – und somit auch die interne Beratung – ist geprägt durch die Projektarbeit. Würde man die Beratung allerdings als Prozess beschreiben, ließen sich genau die drei Schritte identifizieren, die auch die Organisationsentwicklung prägen: Analyse, Konzeption und Umsetzung. Entweder macht der interne Berater auf Anfrage eines potenziellen Auftraggebers ein Angebot. Oder er analysiert selbständig den Bedarf und macht Vorschläge für Projekte. Dabei kann ein Dauerauftrag der Leitung für eine Organisationsanalyse, z. B. eine jährliche EFQM-Selbstbewertung, bestehen.

Zu Beginn jedes Beratungsprojektes steht eine Auftragsklärung, in der der Berater die Anforderungen des Auftraggebers aufnimmt und für sich klärt und dann auch dem Auftraggeber darlegt, welche Kompetenzen und Ressourcen zur Auftragsbearbeitung bestehen. Diese Auftragsklärung sollte möglichst ein formeller Schritt sein, den der Berater protokolliert.

5.3.3 Die Zusammenarbeit mit externen Beratern

Ein wesentlicher Unterschied zwischen internen und externen Beratern ergibt sich aus der Notwendigkeit der ersteren, langfristig in der Organisation akzeptiert sein zu müssen und den mittel- und langfristigen Folgen der eigenen Organisationsentwicklungs- und Beratungsarbeit selbst und unmittelbar ausgesetzt zu sein. Den internen Berater konfrontieren Leitung, Führungskräfte und Mitarbeiter mit den Ergebnissen seiner Arbeit. Externe Berater hingegen können und sollen oft für die Leitung Dinge tun (d. h. Projekte bearbeiten), die Interne, selbst dann, wenn es Organisationsentwicklungsnotwendigkeit ist, nicht oder nicht so leisten können, dass sie nicht von Mitarbeitern konfrontiert werden.

In allen Aspekten der Organisationsentwicklung ist aber eine Zusammenarbeit mit oder Betreuung der externen Berater erforderlich. In vielen Organisationen arbeiten externe Berater an der Organisationsentwicklung. Manchmal sind sogar mehrere gleichzeitig im Einsatz, deren Aktivitäten sich zwar überschneiden, die aber zueinander und mit den intern geleisteten Organisationsentwicklungsaktivitäten gar nicht oder viel zu wenig koordiniert werden. Die Koordination ist eine Aufgabe für die „internen Berater-Organisationsentwickler-Qualitätsmanager". Hierzu benötigen sie den Status und die Kompetenz, mit den externen Beratern auf Augenhöhe zusammenarbeiten zu können, sogar, sie zu steuern. Dazu ist der explizite Auftrag der Leitung erforderlich.

Der Organisationsentwickler sollte sogar möglichst die Auswahl externer Berater begleiten, vielleicht sogar verantworten, wobei die letztendliche Freigabe immer durch die Leitung erfolgen sollte.

Literatur

Drucker, P.: *The Effective Executive*, Harper & Row, New York 1967

EFQM (Hrsg.): *EFQM Excellence Model 2013*, EFQM, Brüssel 2013

Kahneman, D.: Schnelles Denken, langsames Denken, Siedler Verlag, München 2012

Kaplan, R.; Norton, D.: *Alignment – Mit der Balanced Scorecard Synergien schaffen*, Schäffer-Poeschel Verlag, Stuttgart 2006

Kaplan, R.; Norton, D.: *Strategy Maps*, Schäffer-Poeschel Verlag, Stuttgart 2004

Kaplan, R.; Norton, D.: *The Balanced Scorecard*, Harvard Business School Press, Boston 1996

Noé, M.: *Praxisbuch Teamarbeit*, Hanser Verlag, München 2012

Sommerhoff, B.: *Entwicklung eines Transformationskonzeptes für den Beruf Qualitätsmanager*, Shaker Verlag, Aachen 2012

Watzlawick, P.: *Man kann nicht nicht kommunizieren*, Verlag Hans Huber, Bern 2011

Winkler, I.: *Aktuelle theoretische Ansätze der Führungsforschung*, Schriften zur Organisationswissenschaft Nr. 2, Professur für Organisation und Arbeitswissenschaft TU Chemnitz 2004

Zitate: http://www.zitate.de. Abgerufen März 2013